U0238557

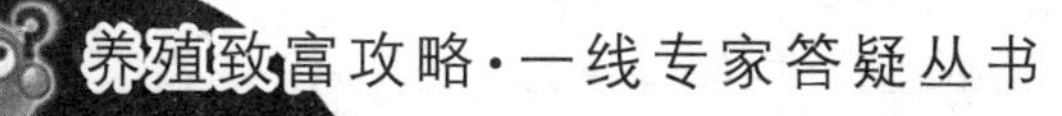

高效养蜂技术有问必答

张中印　陈大福
杨　萌　吴黎明　编著

中国农业出版社

作 者 简 介

张中印 副教授，河南科技学院蜜蜂研究所所长、国家现代农业新乡养蜂综合试验站站长。1988年毕业至今，一直从事蜜蜂教学、饲养管理、科研和服务工作。先后发表论文60余篇，编写科技著作10多部；获得授权实用新型专利9项和发明专利3项、受理2 项；获得河南省科技进步二等奖（第一名），中国蜂业科技突出贡献奖，国家现代农业2011、2012、2014优秀站长以及2011、2013河南省优秀科技特派员；曾主持“十一五”“十二五”国家现代农业新乡养蜂综合试验站工作、蜂产品精深加工技术及其产业化（科技部新产品计划）；现主持“十三五”国家科技创新基地（蜂体系新乡）能力建设专项。

陈大福 副教授，硕士生导师，福建农林大学蜂学学院副院长、国家现代农业蜂产业技术体系（蜂病）岗位专家。自1993年毕业后一直从事蜜源植物、蜂病防治的教学与科研工作，主编教材《蜜蜂保护学》、参编《中国实用养蜂学》等，2013—2014 年留学以色列从事蜂螨研究工作，具有丰富的理论基础和扎实的实践经验。

本书有关用药的声明

随着兽医科学研究的发展、临床经验的积累及知识的不断更新，治疗方法及用药也必须或有必要做相应的调整。建议读者在使用每一种药物之前，参阅厂家提供的产品说明书以确认推荐的药物用量、用药方法、所需用药的时间及禁忌等，并遵守用药安全注意事项。执业兽医有责任根据经验和对患病动物的了解决定用药量及选择最佳治疗方案。出版社和作者对动物治疗中所发生的损失或损害，不承担任何责任。

中国农业出版社

前 言

按照农业部《全国养蜂业“十二五”发展规划》和《关于加快蜜蜂授粉技术推广，促进养蜂业持续健康发展的意见》的部署，在公益性行业（农业）科研专项“不同蜜蜂生产区抗逆增产技术体系研究与示范”、国家科技支撑计划“蜂产品安全和高效利用技术研究与示范”和国家现代农业（蜂）产业技术体系建设专项等项目的推动下，经过广大科技人员的不懈努力，全国蜂业稳步、健康发展。目前全国蜜蜂存栏量达到1 000多万群，其中中华蜜蜂350 多万群，西方蜜蜂 650 多万群；蜂业产值远超 80 亿元人民币，蜜蜂授粉增加产值超过 500 亿元。

在养蜂业持续发展的过程中，技术普及培训、技术推广跟不上生产的发展，在蜂群管理、蜂病防治和农药控制等方面存在不少问题，一定程度上限制了养蜂业的发展。另外，近些年来，自然灾害、环境变化和现代农业对养蜂生产也产生了不同程度的影响，针对上述情况和新问题，作者在总结科学研究成果和中试示范的基础上，参考国内外业界同仁的一些技术资料，将最新的养蜂技术、成功经验汇集成册，以问答形式撰写了融先进性、可读性和可操作性于一体，技术体系较为完整的养蜂推广读本，供养蜂一线的技术推广者和应用者参考使用。

全书 370 问，详实地解答了养蜂基础、蜂群管理、养蜂生产、作物授粉、病虫防治和蜂产品销售六个部分的问题及解决办法。其宗旨在于推进养蜂生产标准化、规模化、优质化和产业化建设，提高蜂产品质量安全水平，促进农业增效和农民增收，实现“十三五”养蜂业持续、稳定和健康发展。

本书由张中印副教授、陈大福博士、吴黎明研究员及杨萌共同编著，得到了公益性行业（农业）科研专项、国家科技支撑计划和国家现代蜂产业技术体系创新基地建设等项目的支持。在撰写和出版过程中，得到了各编者单位领导，相关专项首席科学家及各个综合试验站、部分岗位专家的大力支持，中国农业出版社编审们对本书进行了精心策划和加工，在此致以衷心的感谢。另外，编写过程中，也参考了相关作者的资料，在此一并致以谢意。限于作者学识水平和实践经验，书中错误和欠妥之处在所难免，恳请读者随时批评指正，以便日臻完善。

编著者

目　录

前言

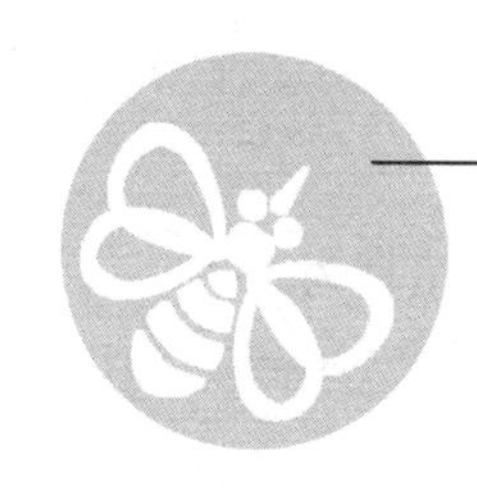

一、养蜂基础

1. 什么是蜜蜂?

蜜蜂是膜翅目、蜜蜂科会飞行的群居昆虫，是为人类制造甜蜜的社会性昆虫，也是人类饲养的小型经济动物，它们以群（箱、桶、笼、窝、窑）为单位过着社会性生活（图1）。

图1　蜂　群

2. 为什么要养蜂?

饲养蜜蜂，可用于生产蜂蜜、蜂蜡、蜂王浆和蜂毒等产品，还可用于为作物授粉，增加产量、提高品质。

3. 当前我国养蜂业状况如何?

当前全国有30余万人饲养800多万群蜜蜂，以转地放蜂为主，定地饲养为辅。每年生产蜂蜜40多万吨、蜂王浆4 000多吨、蜂花粉10 000多吨、蜂蜡8 000多吨、蜂胶400多吨、蜂毒约80千克，以及蜂王幼虫600多吨、雄蜂蛹60多吨，总产值达40亿元以上。

主要饲养蜂种有意大利蜂、中华蜜蜂等，以及地方良种浙江浆蜂、东北黑蜂、新疆黑蜂。全国分布着能够获得蜂蜜的蜜蜂源植物

100余种。

养蜂工具和种王以购买为主，生产蜂王以自己培育为主。

小资料：全世界共有蜜蜂5 600多万群。

4. 蜂群有哪些成员？

蜂群是蜜蜂个体生命以蜂巢为载体结成相互依存的完整的集体生命，为蜜蜂自然生活和蜂场饲养管理的基本单位。一个蜂群通常由1只蜂王、数百只雄蜂和数千只乃至数万只工蜂组成（图2）。

图2 蜜蜂的一家（引自www.dkimages.com）

(1) 蜂王 是由受精卵发育形成的生殖器官完全的雌性蜂，具二倍染色体，在蜂群中专司产卵，是蜜蜂种性的载体，以其分泌蜂王物质的多少和产卵数量的大小来控制蜂群。

(2) 工蜂 是由受精卵发育而来的生殖器官不完全的雌性蜂，具二倍染色体，有适应巢内外工作的器官。工蜂是蜂群中个体最小、数量最多的蜜蜂，在繁殖季节，一个强群可拥有5万～6万只工蜂，它们担负着蜂群内外的主要工作，正常情况下不产卵。

(3) 雄蜂 是由未受精卵发育长成的雄性蜂，具单倍染色体。雄蜂在蜂群中的职能是寻求处女蜂王交配和平衡性比关系，并承载着母亲蜂王的遗传特性。它是季节性蜜蜂，只有在蜂群繁殖季节才出现。

5. 三型蜂是何关系？

一个蜂群，蜂王、工蜂和雄蜂俗称三型蜂。

蜂王是一群之母，一群蜂中的所有个体都是它的儿女，没有蜂王，蜂群就会消亡；但蜂王不哺育后代，也不采集食物，脱离工蜂，

它就无法生存。工蜂承担着巢内外的一切劳动，但它们不传宗接代。没有雄蜂，处女蜂王就不能交配，蜂群也不能继续繁殖，但雄蜂除了与处女蜂王交配外，不能自食其力，如果脱离了蜂群，很快就会死亡。因此，蜂群是一个集体生命整体，三型蜂彼此分工协作，共同完成生命延续活动。

蜂群中所有的雄蜂都是亲兄弟，它们继承了蜂王的遗传特性。由于蜂王在婚飞时需要与多只雄蜂交配，所以，蜂群中的工蜂既有同母同父姐妹，又有同母异父姐妹，它们分别继承了蜂王与各自父亲的遗传特性。

6. 蜂巢有哪些秘密？

蜜蜂的巢穴简称蜂巢，是蜜蜂繁衍生息、贮藏食粮的场所，由工蜂泌蜡筑造的 1 片或多片与地面垂直、间隔并列的巢脾构成，巢脾上布满巢房。

在自然情况下，东方蜜蜂和西方蜜蜂蜂巢是一个附着在洞顶或树枝下、形似半球的蜜蜂城市，多片巢脾，间隔并列；巢脾两面排布呈正六棱柱体的工蜂巢房和雄蜂巢房，朝向房口向上倾斜 9°～14°；房底由 3 个菱形面组成，3 个菱形面分别是反面相邻 3 个巢房底的 1/3；房壁是同一面相邻巢房的公共面。由巢房组成巢脾，再由巢脾构成半球形的蜂巢（图 3）。单个巢脾的中下部为育虫区，上方及两侧为贮

图 3　意蜂建筑在树枝下的自然蜂巢（引自 David L. Green）

图 4　小蜜蜂蜂巢（示蜂房位置）［引自（c）Zachary Huang］

粉区，贮粉区以外至边缘为贮蜜区，分蜂季节，巢脾下缘长有王台（图4）。从整个蜂巢看，中、下部（蜂巢的心）为育儿区，外层（蜂巢的边或壳）为饲料区。

蜂巢的这种结构能够充分利用空间、节省材料，而且坚固，便于保温、保湿和育儿、酿蜜。

7. 蜜蜂吃什么?

食物是蜜蜂生存的基本条件之一，蜜蜂专以蜂蜜和蜂粮为食（图5），分别由花蜜和花粉转化形成，它们来源于蜜源植物。蜂蜜为蜜蜂生命活动提供能量，蜂粮为蜜蜂生长发育提供蛋白质。另外，蜂乳（蜂王浆）是蜜蜂幼虫和蜂王必不可少的食物，水是生命活动的物质。西方蜜蜂还采集蜂胶来抑制微生物。

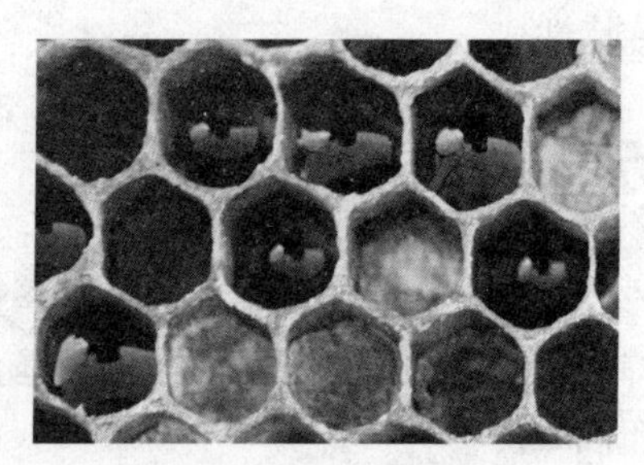

图5 蜂蜜和蜂粮

8. 蜜蜂啥模样?

蜜蜂是完全变态昆虫，一生经过卵、幼虫、蛹和成虫四个不同的发育阶段，其形状和生活各不相同（图6）。蜜蜂的卵、幼虫和蛹生活在蜂巢中，平时不能被人发现；我们平时看到的是工蜂成虫。

（1）卵 蜜蜂的卵为乳白色、略透明、呈香蕉状，两端钝圆，一端稍粗是头部，朝向房口；另一端稍细是腹末，附着在巢房底部。卵成熟孵化出幼虫。

（2）幼虫 蜜蜂的幼虫初为淡青色，不具足，平卧房底，漂浮在蜂乳饲料上；随着生长，由新月形渐成C形，再呈环状，白色晶亮，后长大挺直，有一个小头和13个分节的体躯，头外尾里朝向房口发展。幼虫成熟化蛹，由工蜂泌蜡提前将其巢房口封闭。

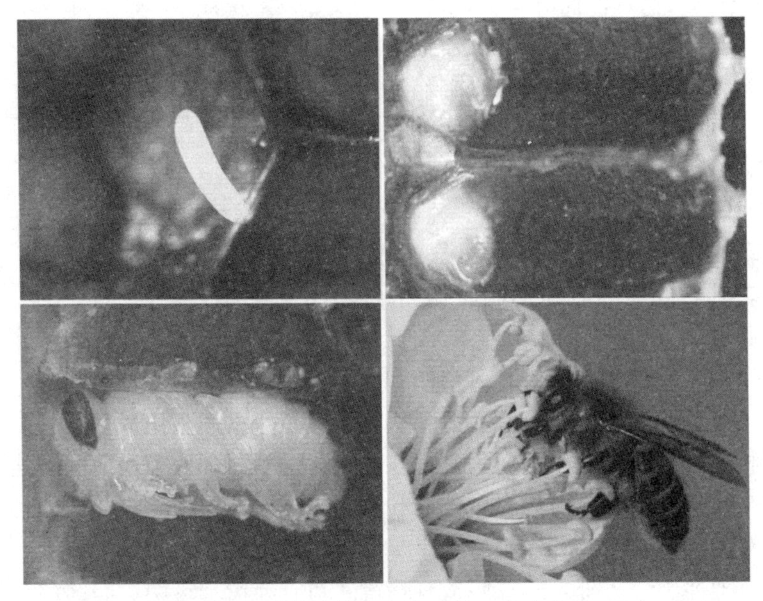

图 6 蜜蜂个体生长发育的四个虫态

(3) 蛹 蜜蜂的蛹不取食，组织和器官继续分化和改造，逐渐形成成虫的形状和各种器官。蛹成熟羽化出房即为成虫。

(4) 成虫 蜜蜂的成虫初期还须经过多天的再次发育，体内器官渐次完整，依次担负其能够完成的工作。

蜜蜂成虫的身体分为头、胸、腹三部分，由多个体节构成。蜜蜂的体表是一层几丁质外骨骼，构成体型，支撑和保护内脏器官。外骨骼表面密被绒毛，有保温护体作用。绒毛有些是空心的，成为感觉器官；有些呈羽状分枝，能黏附花粉粒，成为采集花粉的工具之一。

9. 蜜蜂的外部器官有何特点?

蜜蜂的头部是感觉和摄食的中心，表面着生眼、触角和口器，里面有腺体、脑和神经节等。头和胸由一细且具弹性的膜质颈相连（图 7）。

(1) 胸部 是蜜蜂运动的中心，由前胸、中胸、后胸和并胸腹节组成；胸部4节紧密结合，每节都由背板、腹板和两块侧板合围而成。中胸和后胸的背板两侧各有1对膜质翅，称前翅和后翅。前、中、后胸腹板两侧分别着生前足、中足和后足各1对。并胸腹节由第一腹节延伸至胸部构成，其后部突然收缩形成腹柄而与腹部相连。

图7　工蜂外部形态

（2）腹部　是蜜蜂内脏活动和生殖的中心，由一组环节组成，每一可见的腹节都是由1片大的背板和1片较小的腹板组成，其间由侧膜相连；腹节之间由前向后套叠在一起，前后相邻腹节由节间膜连接起来，这样，腹部可以自由伸缩和弯曲。在蜜蜂腹节背板的两侧各具成对的气门。工蜂和蜂王腹末有螫针，为自卫武器；雄蜂无螫针，没有自卫能力。另外，工蜂腹板有蜡镜4对，光滑、透明、卵圆形，是承接蜡液凝固成蜡鳞的地方。

10. 蜜蜂个体如何生长？

正常情况下，蜂王产下的卵经过3天孵化出小幼虫。意蜂蜂王、工蜂、雄蜂幼虫分别经过5天、6天、7天的生长后，巢房被蜡封闭，幼虫在封闭的巢房里静静地化蛹，再分别经过8天、12天和14天的组织分化后，分别羽化出蜂王、工蜂和雄蜂，长成成虫，以后分别从事各自的工作，直到死亡。中蜂蜂王与意蜂蜂王的生长发育时间一样；工蜂和雄蜂的卵孵化、幼虫生长与意蜂相同，封盖子期分别比意蜂少1天。

11. 蜜蜂的个体寿命受何影响？

蜂王一般寿命3～5年，最长可达11年。人工饲养的蜂群，蜂王在前一年半里年轻力壮，产的卵多，分泌的蜂王物质多，控制蜂群的

能力强，符合生产要求；以后，蜂王产卵少，蜂王物质分泌少、味稀，蜂群小，往往被人们淘汰，年年更新蜂王原因既是如此。因此，生产用蜂王，其寿命只有1年。

工蜂的寿命在繁殖、生产季节35天左右，越冬时期6个月左右。工蜂寿命主要受到蜂群大小、食物丰歉和质量、劳动和泌浆强度、冬夏季节等的影响，无论何种情况，相比而言，强群、食足则工蜂寿命长。

雄蜂寿命约20天左右，秋末则被赶出蜂巢。

12. 蜜蜂蜂群如何长大?

蜂群是靠蜜蜂个体数量的增加而长大的。在同一个地区，每个蜂群都受气候和蜜源的影响，一年四季处在繁盛—衰弱—繁盛—衰弱这样一个周而复始的动态平衡中，生生世世，永续生存。其在我国，1月前后已有花开，3～10月蜜源丰富，蜂群繁荣昌盛；11月至翌年1月蜜源稀少或断绝，蜂群越冬。

13. 饲养强群有何优势?

在正常情况下，强群的工蜂无论在任何季节都比弱群的工蜂个大、体壮、寿命长，抗病力强，节省饲料，采集力高。繁殖期恢复发展快，能充分利用早春和秋季蜜源；在主要蜜源植物开花泌蜜期，一个强群1天就可采到数千克花蜜，同时可进行取浆、脱粉和造脾等生产。

虽然蜂群群势大小受季节和蜜源的影响，但是可以通过采取技术措施改变，一个蜂群如果管理得当，弱群就可以变成强群；如果管理不善，强群则被拖垮成弱群。

14. 工蜂育儿能力有多大?

在蜂群繁殖过程中，1只越过冬天的工蜂在春天仅能养活1.2条幼虫，当年新出生的1只工蜂则能养活近4条幼虫。1脾子在春天能羽化出2.5～3脾蜜蜂，夏天1.5脾蜜蜂，秋天的1脾蜜蜂。

因此，早春繁殖要求蜂多于脾，夏秋要求蜂脾相称。一个原则，有多少蜂养多少虫，虫口数量与工蜂哺育能力相称。

15. 工蜂有哪些工作器官？

（1）采蜜器官 工蜂的喙和蜜囊构成采蜜器官，喙是用于吸食液体食物的管子，蜜囊（图8）则是工蜂的前胃，临时盛装花蜜，类似家庭主妇购物的袋子。采蜜蜂把花蜜由喙吸入，暂时贮存在蜜囊里，回巢后交给酿蜜蜂进行酿造，否则就吞入中肠自己吃掉。蜜蜂的口腔膨大成食窦，是酿造蜂蜜的作坊。内勤工蜂把花蜜置于食窦中，将唾液中的酶添加进去，使花蜜中的蔗糖转化为果糖和葡萄糖，再通过扇风使水分蒸发，最后花蜜被酿造成蜂蜜。

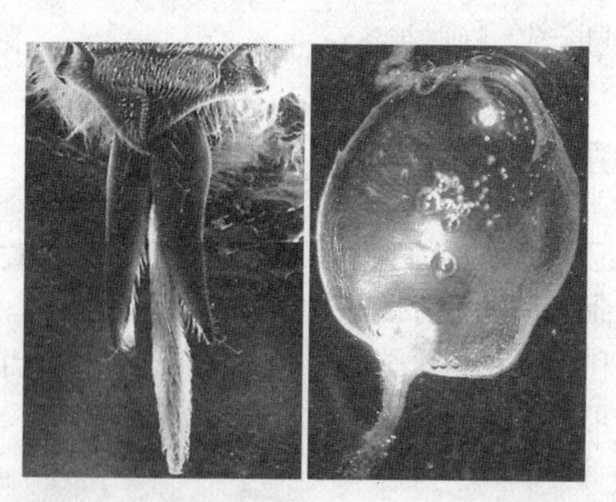

图8 工蜂的采蜜器官（引自 gears. tucson. ars. ag. gov；黄智勇）

（2）采粉器官 工蜂采集花粉时，6只足、口器和全身绒毛都参与工作。工蜂头、胸部的绒毛分枝、叉，有的呈现羽毛状，便于黏附花粉。工蜂前足的净角器与后足基跗节内侧的花粉刷以及花粉夹、胫节端部的花粉耙等，都有助于把花粉搜集、堆积到后足的花粉篮中；而中足胫节端部的距则是采粉工蜂回巢后的卸粉

工具。

（3）采胶工具 由其上颚、中足和花粉篮组成挖掘、装卸和携带蜂胶的工具。

（4）泌毒器官 由螫针和螫针腺组成，是蜜蜂的武器。螫针由1根腹面有沟的中针和2根表面有槽、端部有逆齿的感针组成，螫针腺生产的蜂毒，通过螫针排出体外或泵入敌体。

（5）泌蜡器官 是工蜂将花蜜和花粉合成蜡液的反应堆，也叫蜡腺，位于工蜂的第四至第七腹板的前部。蜡腺之外有光滑、透明、卵圆形的蜡镜，是承接蜡液凝固成蜡鳞的地方。蜜蜂使用蜡鳞建造房屋，我们再将蜜蜂的房屋熔化并凝固成蜂蜡。

（6）泌浆器官 工蜂的咽下腺和上颚腺组成蜂王浆的加工车间，蜂蜜和蜂粮在这里转化为蜂乳（又称蜂王浆），用于喂养幼龄幼虫和蜂王。

（7）守卫武器和筑巢工具 蜜蜂通过视觉和嗅觉获得防守或攻击信息，以上颚啃噬、拖曳异类，用螫针刺杀敌人。

蜜蜂还用上颚筑巢，采集和使用蜂胶等。

16. 工蜂如何变换工作？

工蜂是性器官发育不完全的雌性蜂，担负着蜂巢内外的一切工作，它们根据日龄的大小、蜂群的需要以及环境的变化而变更着各自的“工种”。这些工种有：孵卵、打扫巢房、哺育小幼虫和蜂王、泌蜡筑巢、采酿花蜜和蜂粮、守卫蜂巢（图9），等等，按序进行。在刺槐等主要蜜源开花期，如果蜂巢内只有极少量的幼虫哺育，5日龄的工蜂也参加采酿蜂蜜的活动；在早春越冬工蜂王浆腺发育以便哺育蜂儿；连续生产花粉的蜂群，采粉的工蜂相对就多。

图9 守卫蜂巢（李新雷）

17. 蜜蜂如何利用营养?

蜜蜂体腔内充满着流动的血液（血淋巴），消化道位于体腔的中央，从口到肛门前后贯通，由前肠、中肠和后肠组成，后肠又有小肠和直肠。

蜂蜜和蜂粮食物由前肠送到中肠，并在中肠消化吸收，养分由此进入血液，残渣进入小肠继续分解利用，然后进入直肠，再由肛门排出。

18. 蜜蜂如何呼吸空气?

蜜蜂有专门的呼吸系统，由气门、气管、微气管和气囊等组成，承担蜜蜂体内外的气体交换工作，但不具备气味感知功能。有气门10对，开口于胸、腹两侧，胸3腹7。蜜蜂呼吸是靠腹部的伸缩来实现的，是将空气中的氧气经不同直径的管道，直接送到需要氧气的器官和组织。

蜜蜂腹部伸展时，胸部气门张开，腹部气门关闭，腹部收缩时则相反，彼此交错开闭。蜜蜂静止时，主要依靠第一对气门呼吸，腹部气门关闭；飞翔时，因糖等的代谢增加，空气由第一气门吸入，由腹部气门排出。

小资料：蜜蜂在任何时候都需要充足、新鲜和洁净的空气。在运输、越冬、生产花粉等期间，空气不足或高温会造成蜜蜂呼吸困难及体力消耗，甚至导致死亡。

19. 蜜蜂怎样排泄废物?

蜜蜂的排泄系统由马氏管、直肠及部分脂肪体组成。中肠与后肠分界处周生100多条细长、末端盲状的马氏管，彼此相互交错盘曲，深入到腹腔的各个部位，漂浮在血液中。直肠膨大，壁上着生有直肠腺，直肠腺的分泌物可抑制粪便腐烂。

蜜蜂排泄的废物主要是食物残渣和代谢废物——尿酸、尿酸盐类等。蜜蜂代谢废物由马氏管从血液中回收，并将其送入后肠，混入粪便。食物经过消化吸收后的残渣（粪便）进入直肠，繁殖季节由肛门直接排出；越冬时期被滞留于体内，待蜜蜂飞翔时一并排泄（图 10）。

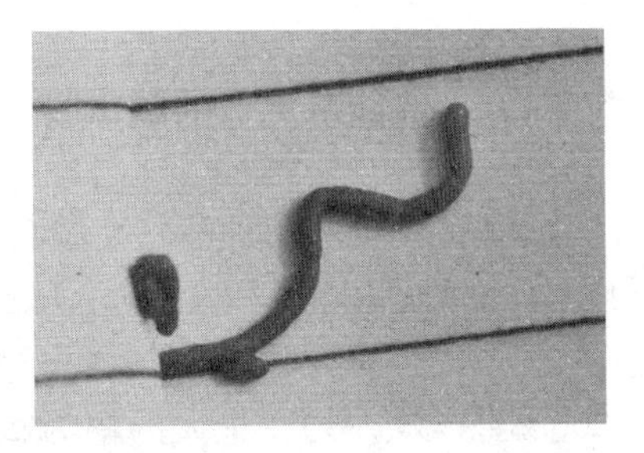

图 10　正常工蜂早春排泄物

蜜蜂的代谢废物有一部分贮藏在脂肪体内，这些废物并不影响蜜蜂的正常生活。

20. 蜜蜂有“鼻子”吗？

蜜蜂没有专门的鼻子，它们对事物气味的感知靠触角来完成。蜜蜂有触角 1 对，着生于颜面中央触角窝，膝状，由柄、梗、鞭 3 节组成，可自由活动，司味觉和嗅觉，起到鼻子闻和嗅的作用，但不具有呼吸功能。

21. 蜜蜂视物有何特点？

蜜蜂有复眼 1 对，主司物像。它们位于头部两侧，由许多表面呈正六边形的小眼组成，大而突出，暗褐色、有光泽。蜜蜂复眼视物为嵌像——为把物体各点信息拼接而成。对快速移动的物体看得清楚，能迅速记住黄、绿、蓝、紫色，对红色是色盲，追击黑色与毛茸茸的东西。

22. 蜜蜂如何感知日出日落？

蜜蜂有单眼 3 个，感知光色。它们呈倒三角形排列在两复眼之间与头顶上方。单眼为蜜蜂的第二视觉系统，它对光强度敏感，决定蜜蜂早出晚归。

23. 蜜蜂能听见你的歌声吗?

蜜蜂没有耳朵，但它不是聋子，它们依靠足胫节外感觉细胞、触角梗节外缘撅状感器和复眼-后头之间的毛感觉（听）器感知声波信息。感觉细胞 48～62 个，接受由物体传递的声波，频率范围 1 000～3 000赫兹（次/秒），最大振幅为 2 500 赫兹；毛感听器的毛受声波振动产生振动脉冲，从而使毛具听觉作用；撅状感器能感知低于 500 赫兹的声音。蜜蜂听不到 800 赫兹以上的声音。

正常人的听力范围在 20～20 000 赫兹之间，最易听到 1 000～3 000赫兹的声音。

由于蜜蜂与人听力范围不同，所以蜜蜂听不到人的甜言蜜语，大喊大叫吓唬不了蜜蜂。

24. 蜂王如何空中交配?

在每年蜜源丰盛季节，蜂群培育新的蜂王，准备分蜂或替换衰老的蜂王。处女蜂王羽化出来后，8～9 天性成熟，处于青春期的处女蜂王于晴暖天气午后离开蜂巢，于是群雄竞飞伴游，通常在距蜂巢 2.5 千米左右、30 米高空，雄蜂呈扫帚状梯队，随蜂王上下、前后急速飞行，最终追上的雄蜂与蜂王交配。蜂王一次飞行，可与多只雄蜂交配，第二天还能够再次飞向空中重复交配，直到精囊贮满精液为止。蜂王交配 2～3 天后产卵，产卵后除非分蜂，便一直生活在蜂巢中。

天气越好、适龄雄蜂越多，越有利于交配；天气差、雄蜂少，处女蜂王往往受精不足而被提早淘汰。另外，个大、体重的处女王交配早、产卵早。

25. 蜂王如何日产千卵?

根据测定，繁殖季节意蜂蜂王每昼夜能产卵 1 800 粒、中蜂王能

产卵900粒，日夜不停，天天如此。蜂王产卵是从蜂巢中央巢脾中心的巢房开始，然后沿螺旋线依次进行。蜂王能够测定巢房大小和形状，在工蜂房中产下受精卵，在雄蜂房中产不受精卵，产满1脾，再延及左右脾。

蜂王有卵巢1对，由300多条卵巢管紧密聚集而成，卵巢管再由一连串能够产生卵子的卵室和提供营养的胞室相间组成（图11）。众多的卵巢管和营养丰富的蜂王浆，保证了蜂王日夜产卵，满满的贮精囊为蜂王提供了取之不尽的精子。

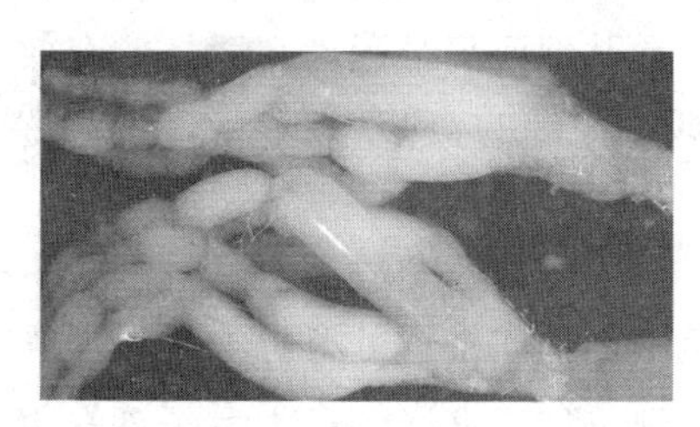

图11　蜂王的卵巢管（引自 黄智勇）

26. 雄蜂精子能活多久？

雄蜂与处女蜂王交配时，由射精管排出土黄色的精液至处女蜂王阴道，并由阴道背面的圆球状受精囊接受和贮藏。受精囊表面有受精囊腺体，分泌的腺液能保持精子存活数年，与蜂王生命一致。蜂王按需要从受精囊取舍精子，决定卵子受精与否。

27. 雄蜂如何度过一生？

雄蜂是季节性蜜蜂，为蜂群中的雄性公民。在春暖花开、蜂群强壮时，蜂王在雄蜂房中产下未受精卵，以后它就发育成雄蜂。雄蜂既没有螫针，也没有采集食物的构造，不能自食其力。它们在晴暖的午后，飞离蜂巢2～3小时，极少数找到处女王旅行结婚（交配），履行自己授精的职责，然后死去。绝大多数雄蜂追不到处女王，却留得生命回巢，或飞到别的“蜜蜂王国”旅游。雄蜂的天职就是交配授精，平衡蜂群中的性比关系，平日里饱食终日，无所事事。一到秋末，这批已无用处的雄蜂，就会被工蜂驱逐出去，了此一生。

28. 蜜蜂能飞多远?

晴暖无风的天气，意蜂载重飞行每小时约 20 千米，在逆风条件下常贴地面艰难运动。意蜂的有效活动范围在离巢穴 2.5 千米以内，向上飞行的高度 1 千米，并可绕过障碍物。中蜂的采集半径约 1 千米。

小资料：一般情况下，蜜蜂在最近的植物上进行采集。在其飞行范围内，如果远处有更丰富、可口的植物泌蜜、散粉的情况下，有些蜜蜂也会舍近求远，去采集远外植物的花蜜和花粉，但离蜂巢越远，去采集的蜜蜂就会越少。一天当中，蜜蜂飞行的时间与植物泌蜜时间相吻合，或与蜜蜂交配等活动相适应。

29. 蜂王浆是从哪里来的?

蜂王浆是工蜂营养腺和上颚腺的分泌物的混合物，其原料是花粉和蜂蜜，一般由年轻工蜂食用并转化而成，用来饲喂幼虫和蜂王。

30. 工蜂如何采蜜、酿蜜?

花蜜是植物蜜腺分泌出来的一种甜液，是植物招引蜜蜂和其他昆虫为其异花授粉必不可少的“报酬”。

在植物开花时，蜜蜂飞向花朵，降落在能够支撑它的任何方便的部位，根据花的芳香和花蕊的指引找到花蜜和花粉，然后把喙向前伸出，在其达到的范围内把花蜜吮吸干净（图 12）。有时这个工作需要钻进花朵进行，有时须要在空中飞翔时完成。

图12 采 蜜

花蜜酿造成蜂蜜，一是要经过糖类的化学转变，二是要把多余的水分排除。花蜜被蜜蜂吸进蜜囊的同时即混入了上颚腺的分泌物——转化酶，蔗糖的转化从此开始。采集蜂归来后，把蜜汁分给一至数只内勤蜂，内勤蜂接受蜜汁后，找个安静的地方，头向上，张开上颚，整个喙反复进行伸缩，吐出吸纳蜜珠。20 分钟后，酿蜜蜂爬进巢房，腹部朝上，将蜜汁涂抹在整个巢房壁上；如果巢房内已有蜂蜜，酿蜜蜂就将蜜汁直接加入。花蜜中的水分，在酿造过程中通过扇风来排除。如此 5～7 天，经过反复酿造和翻倒，蜜汁不断转化和浓缩，蜂蜜成熟，然后逐渐被转移至边脾或边缘巢房，泌蜡封存。

小资料：一个 6 千克重的蜂群，在流蜜期投入到采集活动的工蜂约为总数的 1/2；一个 2 千克重的蜂群，投入到采集活动的工蜂所占蜂群比例约为 1/3.4。如果蜂巢中没有蜂儿可哺育，5 日龄的工蜂也会参与采集工作。在刺槐、油菜、椴树等主要蜜源开花盛期，一个意蜂强群 1 天采蜜量可达 5 千克以上。

蜜蜂采访 1 100～1 446 朵花才能获得一蜜囊花蜜，一只蜜蜂一生能为人类提供 0.6 克蜂蜜。

31. 工蜂如何采粉、造粮？

花粉是植物的雄性配子，其个体称为花粉粒，由雄蕊花药产生。幼虫和幼蜂生长发育所需要的蛋白质、脂肪、矿物质和维生素等，几乎完全来自花粉。

当鲜花盛开、花粉粒成熟时，花药裂开，散出花粉。蜜蜂飞向盛开的鲜花，拥抱花蕊，在花丛中跌打滚爬，用全身的绒毛黏附花粉，然后飞起来用 3 对足将花粉粒收集并堆积在后足花粉篮中，形成球状物——蜂花粉，携带回巢（图 13）。

图 13　采粉（李新雷）

蜜蜂携带花粉回巢后，将花粉团卸载到靠近育虫圈的巢（花粉）房中，不久内勤蜂钻进花粉房中，将花粉嚼碎夯实，并吐蜜湿润。在蜜蜂唾液和天然乳酸菌的作用下，花粉变成蜂粮。当巢房中的蜂粮贮存至七成左右时，蜜蜂再添加1层蜂蜜，最后用蜡封存，以便长期保存。

小资料：工蜂每次收集花粉约访梨花84朵、蒲公英100朵，历时10分钟左右，获得花粉12～29毫克。一个有2万只蜜蜂的蜂群，在油菜花期，日采鲜花粉量可达到2 300克；在茶叶花期，可采茶花粉10千克。一群蜂一年需要消耗花粉30千克。

32. 蜜蜂有哪些本能？

本能与反射是适应性反应，一般受内分泌激素的调节。如蜂王产卵、工蜂筑巢、采酿蜂蜜和蜂粮、饲喂幼虫等都是蜜蜂的本能表现。蜜蜂对刺激会产生反射活动，如遇敌蜇刺、闻烟吸蜜等。

小资料：用浸花糖浆喂蜂群，蜜蜂就倾向探访有该花香气的花朵。这个方法常被用来引导蜜蜂为果蔬授粉。

33. 蜜蜂有哪些腺体？

蜜蜂有外分泌腺和内分泌腺两种。

（1）内分泌腺 无腺管，其分泌物称激素，被腺体周围的毛细血管吸收，通过血液循环送往身体各处，以调节机体的生长发育、物质代谢和器官活动。蜜蜂的内分泌腺有前胸腺、咽侧体、心侧体和脑神经分泌细胞群（蜜蜂的脑下垂体）。

（2）外分泌腺 有腺管，分泌物通过导管排出体外。主要有咽下腺、蜡腺、毒腺、臭腺和上颚腺等。

工蜂的上颚腺分泌王浆酸参与蜂王浆的形成，主要成分是10-羟基-α-癸烯酸（简式10-HDA）。蜂王的上颚腺分泌物叫蜂王物质，主要成分是反式9-氧代-2-癸烯酸（简式9-ODA）、反式9-羟基-2-癸烯酸（简式9-HDA）等，通过接触和空气传播，控制群体，招引雄蜂、工蜂。

蜡腺分泌蜡液，主要成分是脂类，用于建造巢房；毒腺分泌毒液，主要成分是肽类，作用于其他动物机体使其产生疼痛和炎症。

工蜂的咽下腺位于头内两侧，为一对葡萄状的腺体，分泌的蜂王浆（乳）经过两条中轴导管送到舌端，喂养蜂王和小幼虫，所以，咽下腺又称王浆腺。

34. 利用新王能增产吗？

新王产的卵多，分泌的蜂王物质多，能够维持强群，工蜂采蜜积极，生命活力旺盛。所以，在养蜂生产中年年更新蜂王，使蜂群始终有一个年轻力壮的蜂王，可提高产量。

在长江以北地区，刺槐开花前期更新蜂王，蜂群当年不易分蜂，管理省工，还可提高产量。

35. 新脾新房能增产吗？

新造巢脾散发出醛类和醇类物质，即蜂蜡信息素，能够刺激工蜂积极采集和贮藏食物，从而提高产量。从某种意义上讲，巢脾是蜂群生命的一部分，蜂群造脾积极，表明蜂群的生命力旺盛（图 14）。

图 14　新脾蜂旺

在荆条、刺槐等主要蜜源花期，积极造脾更换旧脾，不但可以提高蜂蜜产量，而且还能遏制巢虫为害、减少疾病传播和蜂蜜污染，利于培养大个健康工蜂。

36. 蜂群有无卵虫影响产量吗？

蜜蜂卵和幼虫表面能够分泌散布酯类信息素，一方面作为卵和雄、雌区别的信息，另一方面刺激工蜂积极工作。

蜜蜂幼虫信息素主要有：甲基棕榈酸酯、甲基油酸酯、甲基硬脂酸酯、甲基亚油酸酯、甲基亚麻酸酯和乙基棕榈酸酯、乙基油酸酯、乙基硬脂酸酯、乙基亚油酸酯和乙基亚麻酸酯。

在主要蜜源植物开花泌蜜季节，蜂巢中有适量幼虫，可以提高蜂蜜产量；幼虫多花粉产量也高。

37. 怎样利用蜜蜂的条件反射？

蜜蜂对刺激会产生条件反射。在生产上，多用烟驯服蜜蜂，喂糖促进蜜蜂繁殖或花粉生产，用浸花糖浆来训练蜜蜂为特定作物授粉。

38. 蜜蜂的奔跑表达什么信息？

蜜蜂在巢脾上用有规律的跑步和扭动腹部来传递信息，进行交流，通称为蜜蜂的舞蹈语言，类似人的“哑语”或“旗语”。与食物有关的舞蹈有圆舞和 8 字舞。

圆舞是蜜蜂在巢脾上快速左右转圈，向跟随它的同伴展示丰美的食物就在附近。

8 字舞是蜜蜂在巢脾上沿直线快速摆动腹部跑步，然后转半圆回到起点，再沿这条直线小径重复舞动跑步，并向另一边转半圆回到起点，如此快速转 8 字形圈，向跟随它的同伴诉说甜蜜还在远方。于是，工蜂群集，将食物搬运回家。

当一个新的蜜蜂王国诞生（分蜂）时，蜜蜂也通过舞蹈比赛来确定未来的家园。

在 15 秒钟内，工蜂直跑次数越多，即舞蹈越积极，花蜜就越近、食物就越多；蜜蜂奔跑方向与竖直线交角，表明鲜花就在蜂巢与太阳两点直线相应角度的方向上。

39. 蜜蜂的气味能号召同类吗？

蜜蜂的气味即蜜蜂外激素，是蜜蜂外分泌腺体向体外分泌的多种

化学通讯物质，这些物质借助蜜蜂的接触、饲料传递或空气传播，作用于同种的其他个体，引起特定的行为或生理反应。譬如，处女王信息素能够招引雄蜂追逐，分蜂王信息素能够引导蜜蜂集结，工蜂臭腺素能够指示工蜂或婚飞蜂王回巢。

当蜜蜂受到威胁时，就高翘腹部，伸出螫针向来犯者示威，同时露出臭腺，扇动翅膀，通过携带密码的气味报告给伙伴，于是，蜜蜂群起攻击来犯之敌。

40. 蜜蜂个体对温度有哪些要求?

蜜蜂属于变温动物，其个体体温接近气温，随所处环境温度的变化而发生相应的改变。例如，工蜂个体安全活动的最低临界温度，中蜂为10℃，意蜂为13℃；工蜂活动最适气温为15～25℃，蜂王和雄蜂最适飞翔气温在20℃以上。另外，蜜蜂卵、幼虫和蛹生长发育适宜温度为34～35℃。

小资料：早春，在气温8℃以上无风晴天，工蜂能够短时飞翔排泄。

41. 蜂群如何度寒冬、抗炎夏?

蜂群对环境有较强的适应能力，其蜂巢温度相对稳定。蜂群在繁殖期，育虫区的温度恒定在34～35℃；在越冬期，蜂团外围的温度6～10℃，蜂团中心的温度14～24℃。具有一定群势和充足饲料的蜂群，在零下40℃低温下能够安全越冬，在最高气温45℃左右的条件下还可以生存。但是，蜜蜂在恶劣环境下生活要付出很多。

当蜂巢温度超过蜂群正常生活要求时，蜜蜂常以疏散、静止、扇风、洒水和离巢等方式来降低巢温。长时间高温，蜂王会减少产卵量以减轻工蜂负担，在不能忍受长期高温的情况下会逃跑。

在蜂巢温度降到蜂群正常生活标准时，蜜蜂通过缩小巢门、聚集、吃蜜活动等方式升高巢温。蜂群在整个生活周期内，都是以蜂团的方式度过的，冷时蜂团收缩，热时蜂团疏散，这在野生的东、西方蜜蜂种群的半球形蜂巢更为明显。

在冬季外界气温接近6～8℃时，蜂群就结成外紧内松的蜂团，内部的蜜蜂比较松散，它们产生的热量向蜂团外层辐射传输，用以维持蜂团外层蜜蜂的温度。蜂团外层由3～4层蜜蜂组成，它们相互紧靠，利用不易散热的周身绒毛形成保温“外壳”。“外壳”里的蜜蜂在得不到足够的温度被冻死时，就被其他蜜蜂替代。

在养蜂生产中，开门运蜂、保温处置、遮阳洒水、补足饲料等都是人为给蜂群创造舒适生活环境的措施，这会给人们带来意想不到的收获。

42. 蜜蜂生长发育对温度有什么要求?

蜜蜂卵的孵化、幼虫和蛹的生长发育需要34～35℃恒温，高于或低于这个温度，就会缩短或延长生长时间，个体要么死亡，要么体质差，从而影响蜂群的生长和健康。

小资料：芝麻花期高温天气会导致蜜蜂卷翅病，早春低温会导致蜜蜂爬蜂病。

43. 蜜蜂生长发育对湿度有什么要求?

蜂巢中适宜的相对湿度，在蜜蜂繁殖期生长发育为90%～95%，越冬期75%～80%，蜂蜜生产期70%左右。

小资料：中蜂蜂巢湿度比意蜂高，河南群众称中蜂为“水蜜蜂”缘于此。

44. 春夏秋冬如何影响蜂群生长发育?

蜂群周年群势大小随当地一年四季气候（蜜源）有规律地变化。从早春蜂王产卵开始，到秋末蜂王停卵结束，蜂群中卵、幼虫、蛹和蜜蜂共存，巢温稳定在34～35℃；冬季漫长寒冷，蜂群停止育儿和生产活动，蜂王和工蜂抱团越冬，巢温稳定在6～24℃。

华北地区，春季群势5脾蜂开始繁殖（2月中旬），21天前，老蜂不断死亡，没有新蜂出生，蜂群群势下降；21天后、30天前（3月中旬），老蜂继续死亡，新蜂开始羽化，蜂群群势还在下降，跌至全年最低；30天后、40天前（3月下旬），新蜂出生数量超过老蜂死亡数量，群势逐渐恢复，群势回到开始繁殖时的大小；40天后、70天前（4月下旬），群势逐渐上升，达到全年最大群势，并开始蜂蜜、花粉、蜂王浆和蜂毒的生产；以后约120天里（4月下旬至8月下旬），群势比较平衡，是分蜂和蜂产品生产的主要时期；再以后约30天（9月），我国北方蜂群群势下降，生产停止，这一时期繁殖越冬蜂，喂越冬饲料，准备蜂群越冬；最后145天（10月至翌年2月），北方蜂群越冬。

南方地区，蜂群自1月开始繁殖，在10～11月约60天，蜂群还在生产茶花粉和蜂王浆，从12月至翌年1月约75天，蜂群越冬。在江、浙以南等夏季没有蜜源的地区，蜂群度夏约持续2个月，蜜蜂只有采水降温活动，蜂王停卵，群势下降。一般来说，蜂群度夏难于越冬。

小资料：在养蜂生产上，南方蜂场在夏季有蜜源地区或转地放蜂从3～11月有长达9个月的生产期，华北地区从4～8月仅有5个月的生产时间。

45. 蜜蜂性别是如何决定的?

蜜蜂性别受到遗传基因控制。蜂王在工蜂房和王台基内产下的受精卵，是含有32个染色体的合子，经过生长发育成为雌性蜂；由雌性蜜蜂产的未受精卵，其细胞核中仅有16个染色体，只能发育成雄蜂。

蜜蜂级型分化受到食物决定。蜂群中工蜂和蜂王这两种雌性蜂，在形态结构、职能和行为等方面存在差异，主要表现在：工蜂具有采集食物和分泌蜂蜡、制造王浆等的工作器官，但生殖器官退化；蜂王没有采集食物的器官，无分泌蜂蜡、制造王浆等的腺体，但生殖器官发达，体大，专司产卵。意蜂工蜂长成需要21天，寿命繁殖期约35

天、越冬期约180天；意蜂蜂王长成历时16天，寿命3～5年。造成工蜂和蜂王差异的原因是食物和出生地，工蜂出生于口斜向上、呈正六棱柱体的工蜂房中，幼虫在最初的3天中吃王浆，以后吃蜂粮；蜂王成长于口向下、呈圆坛形的蜂王台中，幼虫及成年蜂王一直吃的是王浆（图15）。食用蜂粮和王浆的差异，导致了上述命运的悬殊。

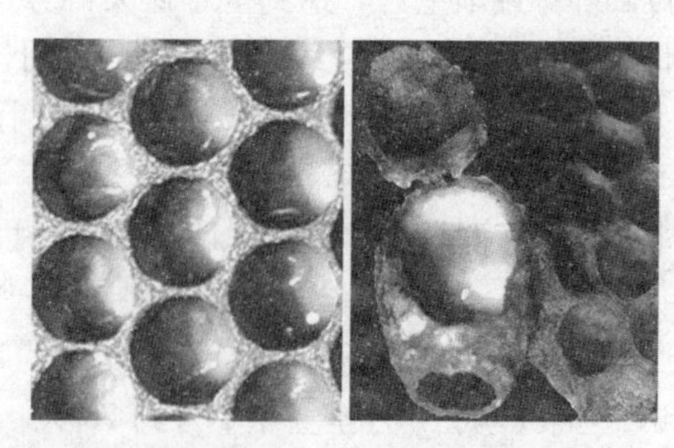

图15　工蜂房（左）与蜂王台（右）

如果将3日龄内工蜂幼虫与蜂王幼虫交换住所，即变更它们的食物，则本应长成蜂王的幼虫却变成了勤劳的工蜂，而当初是“瘪三”的工蜂幼虫却成了发号施令的蜂王。

46. 蜂王是怎样号令工蜂的？

蜂王是蜂群的统治者，它的职能就是产卵，以产卵量和自身的魅力（分泌蜂王物质多少）控制它的臣民。繁殖季节，意蜂王每天产卵1 800粒，中蜂王每天产卵900粒，为了养活这些卵虫，工蜂每天要起早贪黑不停地采蜜、造粮，白天晚上轮番哺育蜂儿。蜂王还将蜂王物质散布到蜂巢各个角落，防止工蜂卵巢发育和建造王台，严禁它们怠工、闹分家。在蜂王的统治下，整个蜂城生活秩序井井有条，王国呈现一片昌盛。

如果失去蜂王，无王蜂群秩序混乱，工蜂不再受到约束，部分工蜂开始产卵，所有工蜂无意采蜜，整个蜂群处于悲鸣、无望之中，最终导致群体消亡。

小资料：当蜂王衰老病残时，产卵量日趋下降，蜂王信息素减

少，大家族走向衰微；此时，蜂群便会培育新的蜂王进行更新换代，新王产卵，蜂群生活又将呈现勃勃生机。如果蜂王突然丢失，工蜂会将有 3 日龄小幼虫外巢房临时改成王台（图 16），培育新王，延续生命。

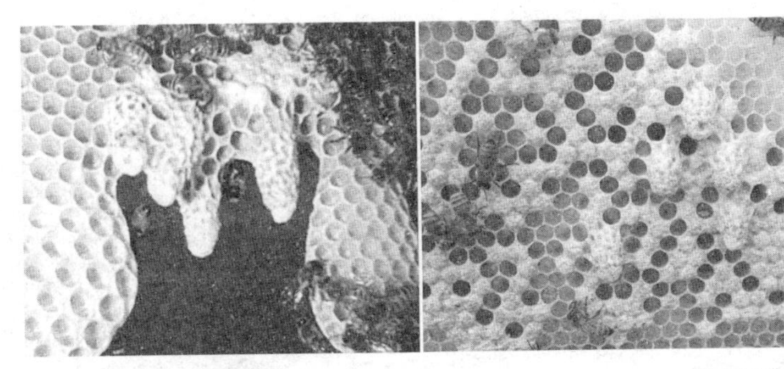

图 16　蜂群培养蜂王的特点（引自 www.beeclass.com、黄智勇）

47. 蜂王产卵受何因素影响?

蜂王的主要职能就是产卵。蜂王产卵主要受两方面因素的影响：①蜜源和气候。从早春到秋末，不分昼夜地在巢脾上巡行，产下一个又一个的卵，而工蜂则将其环绕其周，时刻准备着用营养丰富的蜂王浆饲喂蜂王。意蜂王每昼夜产卵可达 1 800 粒，超过自身的体重。秋末冬初，外界花儿逐渐消失，蜂王会节制生育，并在冬天停止产卵。②基因。蜂王是品种种性的载体，产卵多少受其基因影响。如，意蜂王每日产卵 1 800 粒，中蜂王日产卵仅 900 粒左右。

在现代养蜂生产管理中，为获取最好的经济效益，须根据天气、花期、蜂群状态和管理目的适时控制蜂王产卵（关在竹笼里），搞好蜂王计划生育（图 17），可以提高效益。

图 17　蜂王节育

48. 工蜂的一生有哪些贡献?

1只蜜蜂一生能为人类生产0.6克蜂蜜，一个饲养良好的蜂群每年能为人类贡献100千克蜂蜜、10千克王浆、10千克花粉、1千克蜂蜡和0.25千克蜂胶。

此外，体态轻盈、浑身长满绒毛的蜜蜂身上，可黏附4万～5万粒植物的花粉，在采蜜时帮助雌蕊找到合适的“对象”而授粉（图18）。蜜蜂是农作物最理想的授粉昆虫，其授粉增产的价值，比蜂产品的总和高10倍以上。

图18　工蜂体表散布花粉

小资料：我国规模化集约化梨树种植，以及大棚草莓都需蜜蜂授粉才能结出上等品质的果实。

49. 蜜蜂体色说明了什么?

蜜蜂个体颜色鲜艳表明蜜蜂年轻（新蜂），颜色暗淡表明蜜蜂衰老，颜色有黄、有黑表明种性不纯、混杂。

蜜蜂个体颜色黑而亮似油炸，可能是麻痹病所致；颜色淡而体轻漂可能是被天敌寄生。群体颜色黑而湿表明受到农药毒害。

50. 自然分蜂有哪些利弊?

每年当蜂群长大时，老蜂王连同大多数的工蜂结群离去，另筑新巢，开始新的生活（图19）；原群留下的蜜蜂和所有蜂子，待新王出房、交配产卵后，恢复原来朝气蓬勃的生活，这个过程叫自然分蜂。自然分蜂产生新的生命，是蜂群的繁殖方式，蜂群以分蜂的形式扩大种群数量——增殖。在养蜂生产中，自然分蜂因其前期工蜂怠工（闹

分家）影响产量，蜂王产卵减少影响繁殖，整个蜂群的工作处于停滞状态；分蜂时期，需费工费时对分蜂的蜂群进行收捕，有时还会丢失蜂群；分蜂以后，群势削弱，影响生产。因此，人工饲养蜜蜂，要尽量避免蜂群自然分蜂。

图 19　自分蜂群

小资料：自然分蜂主要集中在春季第一个主要蜜源植物开花后期和秋季蜜源花期。例如，河南中蜂多在 4 月下旬至 5 月上旬发生自然分蜂，8～9 月也会出现；贵州中蜂多在春季 3～5 月、其次是 9 月发生分蜂。在人为干预下，只要食物充足，每年 1 群中蜂可分蜂 4 次，由初春时的 1 群增加到 5 群。

每年提前养王、持续养王，积极、及时更新老、弱、病、残蜂王，不但能够有效预防自然分蜂，而且减少可劳动、提高产量。

51. 什么是蜂巢?

大凡蜜蜂居住的地方都称蜂巢，是蜜蜂繁衍生息、贮藏食粮的场所，由工蜂泌蜡筑造的 1 片或多片与地面垂直、间隔并列的巢脾构成，巢脾上布满巢房。

蜂巢分为野生和人工两种。野生蜂群在树洞、岩洞里或树杈、崖壁下筑巢生活，为野生蜂巢；蜜蜂所居住的人工特制容器，通称蜂箱，包括活框木箱、土坯蜂箱和无框木箱、蜂桶等。

52. 什么是蜂箱?

蜂箱是用杉木、红松或桐木等做的一个中空的封闭空间，供蜜蜂繁衍生息和制造、贮存食物，也是养蜂及生产的基本工具。广义的蜂箱包括活框蜂箱和无框蜂箱，无框蜂箱有圆形蜂桶和方形木箱，或立或卧、大小不一，共同特点是巢脾附着在箱壁或箱顶上，割蜜生产（图 20）；活框蜂箱大小、样式也不一样，有单箱体也有多箱体，共同特点是巢脾结在可以提出来的巢框里（图 21）。

图 20　无框圆桶蜂箱

图 21　郎氏活框蜂箱

无论是活框蜂箱还是无框蜂箱，凡是通过向上叠加（继）箱体扩大蜂巢的称为叠加式蜂箱，通过侧向增加巢脾扩大蜂巢的称为横卧式蜂箱。叠加式活框蜂箱合乎蜜蜂向上贮蜜的习性，搬运方便，适于专业化和现代化饲养管理，因此，这类蜂箱是养蜂生产中最主要的蜂箱类型。无框蜂箱适合某些特定地区气候、蜜源的中蜂饲养。

小资料：饲养西方蜜蜂的主要有郎氏蜂箱，其次是十二框方形蜂箱，东北地区还有十六至二十四框的横卧式蜂箱。饲养中华蜜蜂的有中蜂标准蜂箱以及从化式、高仄式、中一式、方格式蜂箱。

53. 如何确定蜂箱尺寸？

蜜蜂的生长发育和蜂产品的形成都是蜂群在蜂箱中完成，所以无论活框或无框，在设计和制作蜂箱时都必须考虑蜜蜂的生活特性，并要适应人们生产的需要。根据蜜蜂种类确定蜂路宽窄，依照种群大小

计算蜂箱容积大小，从而确定巢框面积和数量，以及箱体多少。目前，我国比较通用或使用范围较广的几种蜂箱技术参数见表1、表2。

表1　部分西方蜜蜂蜂箱规格尺寸（毫米）

技术参数	郎氏十框蜂箱	十二框方形蜂箱	十六框卧式蜂箱
巢脾中心距	35	37.5	35
巢框内围尺寸	428×200	415×270	428×200
巢框厚度	27	25	27
每个箱体容巢框数（个）	10	12	16
继箱内围尺寸	465×372×245(145)	455×455×310	—
巢箱内围尺寸	465×372×265	455×455×330	465×630×265
框间蜂路	8	12.5	8
上蜂路	8	7	7
前后蜂路	8	10	8
继箱下蜂路	5	3	—
巢箱下蜂路	25	20	23
流行地区	世界各地	独联体、中国东北和新疆北部	中国东北和西北

表2　部分中华蜜蜂蜂箱规格尺寸（毫米）

项　目		从化式	高仄式	中一式	十框标箱
巢脾中心距离		32或35	33	32	32
巢框内围/高×宽	继箱	—	—	—	400×100
	底箱	350×215	244×309	385×220	400×220
巢框厚度		25	25	25	25
每个箱体容框数（个）		12	14	16	10
箱体内围/长×宽×高	继箱	—	—	—	440×370×135
	底箱	386×462×260	280×465×350	421×552×271	440×370×270
框间蜂路		7或10	8	7	8

（续）

项　目		从化式	高仄式	中一式	十框标箱
上蜂路		8	7	7	8
前后蜂路		8	8	8	10
下蜂路	继箱	—	—	—	2
	底箱	20	10 或 17	14	20
特点		能多群同箱饲养；便于春繁、越冬和集中群势采蜜	有利春繁和越冬，预防中囊病	可以双群同箱饲养；春繁好、群势大、采蜜好	早春双群同箱繁殖，浅继箱贮取蜜
使用地区		广东省从化县	黄河以北地区	四川省南部地区	全国

*　沅陵式蜂箱和中笼式蜂箱与中一式蜂箱相似。

蜂箱内部大小和样式需严格按照设计和尺寸制作，蜂箱外观则可以多种多样，家庭养蜂、定地饲养、示范观光蜂场，箱盖呈屋脊形、教堂形、动物造型等，以达到赏心悦目、吸引顾客和适应自然景观的目的。另外，还有根据特殊用途设计制作的用于科研的观察箱、用于农业的授粉箱等。

54. 活框蜂箱有哪些基本组件？

活框蜂箱由箱体、箱盖、副盖、巢框、隔板、闸板、巢门板等部件和闸板等附件构成（图 22）。

（1）箱体　包括巢箱和继箱，都是由 4 块木板合围而成的长方体，箱板采用 L 形槽接缝，四角开直榫相接合。箱体上沿开 L 形槽——框槽，为承受巢框用的槽。

巢箱是最下层箱体，供蜜蜂繁殖；继箱叠加在巢箱上方，是用于扩大蜂巢的箱体。继箱的长和宽与巢箱相同，高度与巢箱相同的为深继箱，巢框通用，供蜂群繁殖或贮蜜；高度约为巢箱 1/2 的为浅继箱，其巢框也约为巢箱的 1/2，用于生产分离蜜、巢蜜或作饲

料箱。

（2）箱盖 在蜂箱的最上层，用于保护蜂巢免遭烈日曝晒和风雨侵袭，并有助于箱内维持一定的温度和湿度。

（3）副盖 盖在箱体上，使箱体与箱盖之间更加严密，防止蜜蜂出入。铁纱副盖须配备一块与其大小相同的覆布，木板副盖无需覆布，覆（盖）布和木板副盖起保温、保湿和遮阳作用。

（4）巢框 由上梁、侧条和下梁构成，用于固定和保护巢脾，悬挂在框槽上，可水平调节和从上方提出。意蜂巢框上梁腹面中央开一条深 3 毫米、宽 6 毫米的槽——础沟，为巢框承接巢础处。

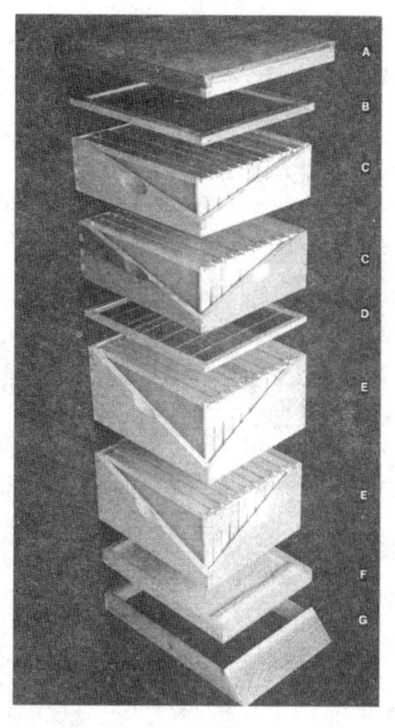

图 22 国外郎氏蜂箱

（5）隔板 形状和大小是与巢框基本相同的一块木板，厚度 10 毫米。每个箱体一般配置 1 块。使用时悬挂在蜂箱内巢脾的外侧，既可避免巢脾外露，减少蜂巢内温湿度的散失，又可防止蜜蜂在箱内多余的空间筑造赘脾。

（6）闸板 形似隔板，宽度和高度分别与巢箱的内围长度和高度相同。用于把巢箱纵隔成互不相通的两个或多个区域，以便同箱饲养两个或多个蜂群。

（7）巢门板 为巢门堵板，是可开关和调节巢穴口大小的小木块。

箱底是蜂箱的最底层，一般与巢箱联成整体，用于保护蜂巢。

箱身与箱底钉在一起的叫死底箱，分离的称活底箱。定地饲养的蜜蜂宜用活底箱，转地放蜂多用死底箱。

55. 如何制作蜂箱？

制造蜂箱的程序：准备板材—浸泡—烘干—裁切—开槽沟—抹

胶—拼接—烘干—刨平—开榫（槽）—组装—防腐等工序，多数由机械完成，一个工时可完成10～12套标准意蜂蜂箱的制作。

小资料：制造蜂箱一定要结实、耐用，符合蜜蜂生活和生产需要，选材不变形、保温好。现在，所有蜂具都可在商店购买到。

56. 怎样得到巢础？

巢础是采用蜂蜡或无毒塑料制造的两面具有蜜蜂巢房房基的蜡片或塑料片（图23），使用时镶嵌在巢框或盒格中，工蜂以其为基础分泌蜡液，将房壁加高而形成完整的巢脾。巢础可分为意蜂巢础和中蜂巢础、工蜂巢础和雄蜂巢础、巢蜜巢础等。

图23　巢础（张中印；www. etnamiele. it ）

现代养蜂主要从商店购买巢础。

小资料：现代养蜂生产中，有些人用塑料直接制成塑料巢脾代替蜜蜂建造的蜡质巢脾。

57. 分离蜂蜜的器械有哪些？

我们平常看到的液态蜂蜜就是分离蜜，生产分离蜜的器械主要有分蜜机、吹蜂机、蜂刷、割蜜刀和过滤器等。

(1) 分蜜机　是利用离心力把蜜脾中的蜂蜜甩出来的工具，分弦式和辐射式两种。弦式分蜜机是由桶身、框笼和传动装置构成，蜜脾置于分离机框笼中，脾面和上梁均与中轴平行，呈弦式排列的一类分蜜机。目前，我国多数养蜂者使用两框固定弦式分蜜机（图24），特点是结构简单、造价低、体积小、携带方便，但每次仅能放2张脾，需换面，效率低。辐射式分蜜机由桶身、框笼和手动或电动传动装置

构成，多用于专业化大型养蜂场；蜜脾置于分离机框笼中，脾面与中轴在一个平面上，下梁朝向并平行于中轴，呈车轮的辐条状排列，能同时分离出来蜜脾两面的蜂蜜。

图 24　两框换面式摇蜜机

（2）吹蜂机　由 1.47～4.41 千瓦（2～6 马力）的汽油机或电动机作动力，驱动离心鼓风机产生气流，通过输气管从扁嘴喷出，将支架上继箱里的蜜蜂吹落。

（3）蜂刷　通常采用白色的马尾毛和马鬃毛捆绑于竹柄上制作，用于刷落蜜脾、产浆框和育王框上的蜜蜂（图 25）。

图 25　蜂刷（张中印　摄）

（4）割蜜刀　采用不锈钢制造，长约 250 毫米、宽 35～50 毫米、厚 1～2 毫米，用于切除蜜房蜡盖（图 26）。电热式割蜜刀刀身长约 250 毫米、宽约 50 毫米，双刃，重壁结构，内置 120～400 瓦的电热丝，用于加热刀身至 70～80℃。

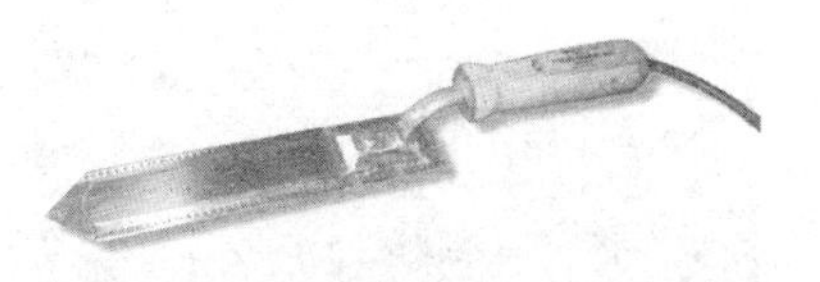

图 26　电热式割蜜刀（引自 www.beecare.com）

（5）过滤器　是净化蜂蜜的器械，由 1 个外桶、4 个网眼大小不一（20～80 目）的圆柱形过滤网等构成（图 27）。

小资料：分离蜂桶或野生蜜蜂的蜂蜜时，常用螺旋榨蜜器榨取。

图 27　蜂蜜过滤器（引自 www. legaitaly. com）

58. 巢蜜生产有哪些工具？

有巢蜜盒和巢蜜格两种（图 28），用时镶嵌在巢框（或支架）中，并与小隔板共同组合在巢蜜继箱中，供蜜蜂贮存蜂蜜。

图 28　巢蜜盒（左）与巢蜜格（右）

59. 脱粉工具有哪些?

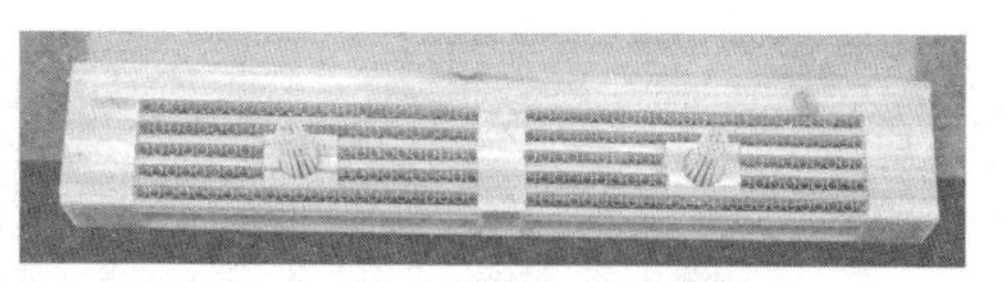
图 29 带雄蜂门脱粉器

我国生产上使用巢门式蜂花粉截留器，与承接蜂花粉的集粉盒组成脱粉装置，截留器孔圈由不锈钢丝制成，组装在木架中（图 29），截留器孔径一般在 4.6～4.9 毫米，4.6 毫米孔径的仅适合中蜂脱粉使用，4.7 毫米孔径的只适合干旱、花粉团小的季节意蜂脱粉使用，4.8～4.9 毫米孔径的适合西方蜜蜂在茶花、油菜、蚕豆等湿度大、花粉多时脱粉使用。蜜蜂通过花粉截留器的孔进巢时，后足两侧携带的花粉团被截留（刮）下来，落入集粉盒中。

小资料：花粉截留器刮下蜂花粉团率一般要求在 75%左右，过高蜂群缺粉，过低蜜蜂采粉怠惰。

60. 产浆工具有哪些?

目前，我国生产蜂王浆的工具主要有塑料王台基、移虫笔、王浆框、刮浆板、捡虫镊、清蜡器等，都可从商店购买。

(1) 王台基 采用无毒塑料制成，多个台基形成台基条，台基条组装在王浆框中，用于承接幼虫引诱工蜂泌浆（图 30）。现在采用较

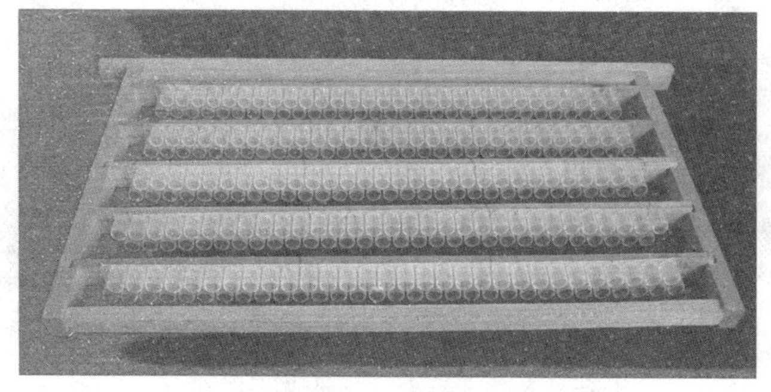
图 30 塑料台基

普遍的台基条有 33 个台基。

(2) 移虫笔 是把工蜂巢房内的蜜蜂小幼虫移入台基育王或产浆的工具，由牛角舌片、塑料管、幼虫推杆（舌）、推杆缩回弹簧等制成（图 31）。

图 31 移虫笔

(3) 王浆框 是用于安装台基条的框架，采用杉木制成。外围尺寸与巢框一致，上梁宽13毫米、厚20毫米，两边条宽13毫米、厚10毫米，下梁宽、厚均为13毫米；台基条附着板4～5条，宽13毫米、厚5毫米。

(4) 刮浆板 由刮浆舌片和笔柄组装构成，用于将王台基中的王浆刮带出来（图 32）。刮浆舌片采用韧性较好的塑料或橡胶片制成，呈平铲状，可更换，刮浆端的宽度与所用台基纵向断面相吻合；笔柄采用硬质塑料制成，长度约 100 毫米。

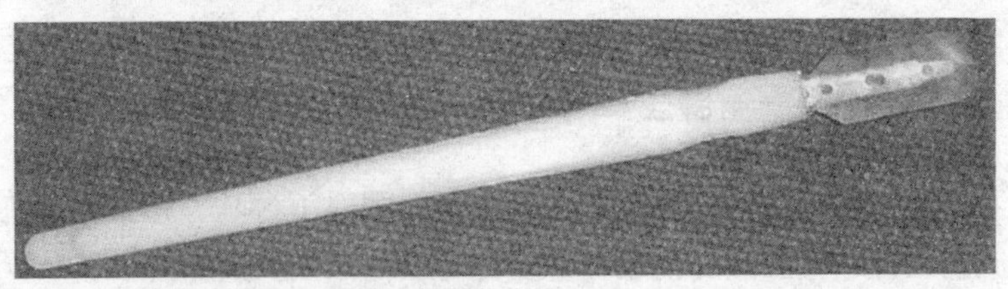

图 32 刮浆板

(5) 捡虫镊 为不锈钢小镊子，用于捡拾王台中的蜂王幼虫（图 33）。

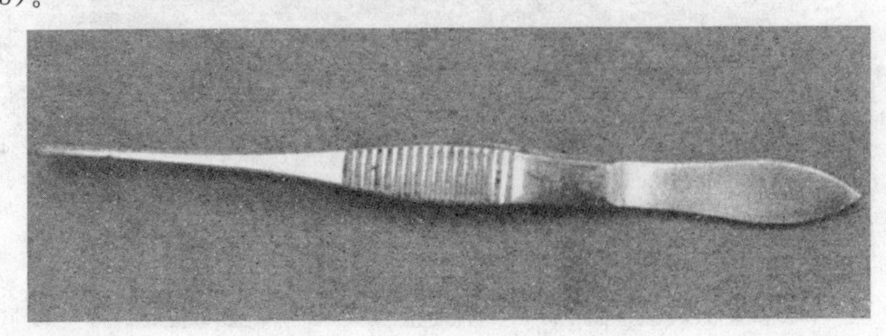

图 33 镊子

(6) 清蜡器 由形似刮浆器的金属片构成，有活动套柄可转动，移虫前用于清除王台内壁的赘蜡。

生产蜂王浆还需要割蜜刀，用于削除加高的王台台壁；用食品级塑料制作的塑料瓶或5升塑料壶盛装蜂王浆等容器。

另外，近年已研究成功多功能取浆机，将喷水—割王台蜡壁—捞虫—扒浆—移虫等手工工序，变成机械一次完成，并将单个巢房操作工艺变成一条台基同时整批进行。免移虫蜂王浆生产器械也在中试、推广中。

61. 集胶器械有哪些？

生产蜂胶的专门工具有竹丝副盖或塑料副盖式集胶板、尼龙纱网、巢门集胶器等。尼龙取胶纱网多采用40～60目无毒白色塑料纱，双层置于副盖下或覆布下；副盖式采胶器相邻竹丝或格栅间隙2.5毫米，一方面作副盖使用，另一方面可聚积蜂胶（图34）。使用尼龙纱网或副盖式采胶器取胶，可一次采胶120克左右。

图34 积胶副盖

平时可使用起刮刀收集箱沿、框耳、框受（蜂箱上沿承接巢框框耳的槽）上的蜂胶。

62. 采毒器具有哪些？

当前，国际上通用的是电取毒器。蜜蜂电子自动取毒器由电网、集毒板和电子振荡电路构成（图35）。电网采用塑料格栅电镀而成；集毒板由塑料薄膜、塑料屉框和玻

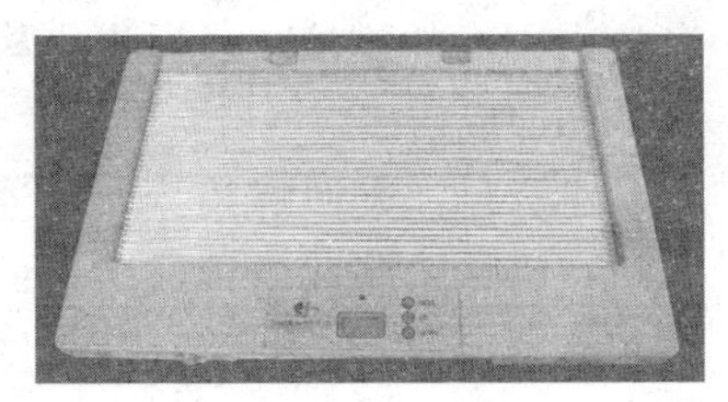

图35 电取蜂毒器

璃板构成；电源电子电路以 3 伏直流电（2 节 5 号电池），通过电子振荡电路间隔输出脉冲电压作为电网的电源，同时由电子延时电路自动控制电网总体工作时间。

生产蜂毒还需要硅胶干燥器、棕色玻璃瓶、不锈钢刀、防护面具等辅助器械。

63. 制蜡工具有哪些?

小型制蜡工具有电热榨蜡器、螺杆榨蜡器和日光晒蜡器，以螺杆压力榨蜡器常用。螺杆榨蜡器以螺杆下旋施压榨出蜡液，其出蜡率和工作效率均较高。我国使用的螺杆榨蜡器由榨蜡桶、施压螺杆、上挤板、下挤板和支架等部件构成。榨蜡桶采用直径为 10 毫米的钢筋排列焊接而成，桶身呈圆柱形，直径约 350 毫米，以组成桶身钢筋之间的间隙作为出蜡口。施压螺杆由 1～2 吨的千斤顶供给动力，榨蜡时用于下行对蜂蜡原料施压挤榨。上、下挤板采用金属制成，其上有许多孔或槽，供导出提炼出的蜡液。榨蜡时，下挤板置于桶内底部，上挤板置于蜂蜡原料上方。支架和上梁采用金属或坚固的木材制成，用于承受榨蜡的反作用力（图 36）。

图 36　榨蜡器

大型制蜡工具是由机械完成，双壁电加热锅将毛蜡（群众交售的蜡）重新溶化，经过沉降装置除去生物杂质，再通过板框过滤设备流出干净的蜡液，最后进入模板冷却即成蜡板。

小资料：大型蜂蜡厂，可通过机械将蜂蜡制成白色或黄色的蜡板，或豆粒大小的子蜡（图 37）。

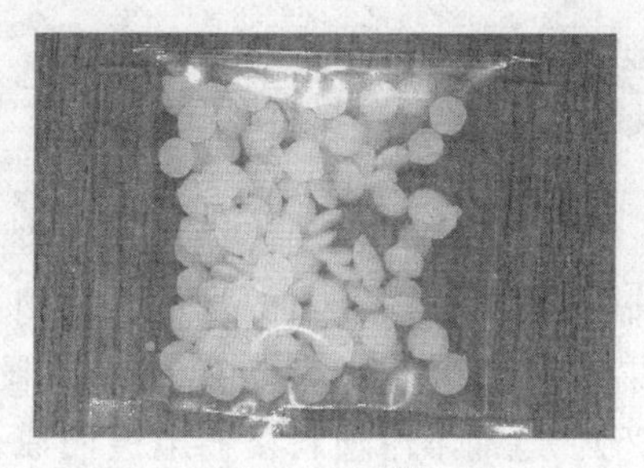
图 37　子蜡

64. 什么是起刮刀？如何使用？

起刮刀是采用优质钢锻成一端弯曲、另一端平直的金属薄片，长 25～35 厘米、宽 3 厘米左右、厚 2.5 毫米左右（图 38）。用于开箱时撬动副盖、继箱、巢框、隔王板和刮铲蜂胶、赘脾及箱底污物、起小钉等，是管理蜂群不可缺少的工具。

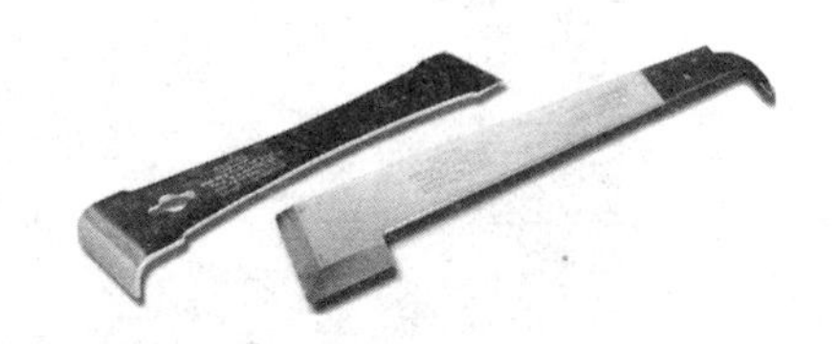

图 38　起刮刀（引自 www.draperbee.com）

起刮刀形式多样，除上述功能外，有的还兼具刀的切削作用。

65. 什么是喷烟器？如何使用？

喷烟器是一个发烟装置，风箱式喷烟器由燃烧炉、炉盖和风箱构成，在其炉膛中燃烧艾草、木屑、松针等喷发烟雾镇压蜜蜂的反抗（图 39）。

用艾草编成绳索，可以直接点燃产生烟雾使用，方便快捷，可以替代喷烟器。另外，用燃香冒出的烟，亦可起到驯服蜜蜂的目的。

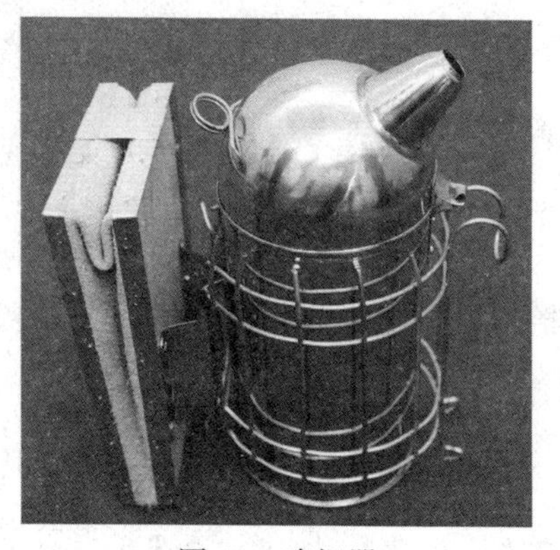

图 39　喷烟器

66. 什么是防蜂帽？如何使用？

防蜂帽是用于保护人员头部和颈部免遭蜜蜂蜇刺的劳保用品，有圆形和方形两种，其前向视野部分采用黑色尼龙纱网制作。圆形蜂帽采用黑色纱网和尼龙网制作（图 40），为我国养蜂者普遍使用；方形蜂帽由铝合金作支架与尼龙纱网构成，或由铝合金作支架与金属纱网制作，多为国外养蜂者采用。

使用时，将防蜂帽戴在头上，黑色一面作为前脸，拉紧下部围绳即可。

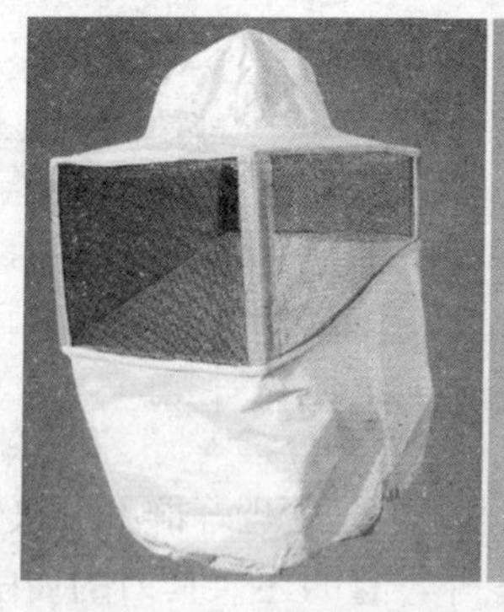
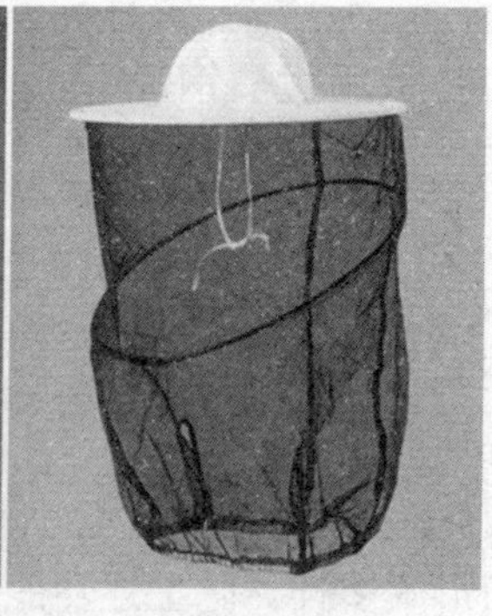

图40　防蜂帽（引自 www.legaitaly.com）

小资料：防护蜂螫的劳保用品还有蜂衣，有的蜂帽与上衣联在一起，也有的蜂帽、上衣和裤缝制在一起，前有拉链开口供穿戴，袖口、裤管有松紧橡皮绳索，防止蜜蜂钻入衣内。

67. 喂糖工具有哪些？如何使用？

喂糖工具是指流体饲料饲养器，用来盛装糖浆、蜂蜜和水供蜜蜂取食，我国主要有盒、瓶两种。塑料喂蜂盒一端为小盒，一端是大盒，喂蜂时从紧靠隔板的外侧注入液体，小盒喂水，大盒喂糖浆。巢门喂蜂器由容器（瓶子）和吮吸区组成，用时将液体食物先注入瓶中，套上吮吸装置，然后倒扣，吮吸区通过巢门插入蜂箱，浸出食物供蜜蜂取食（图41）。

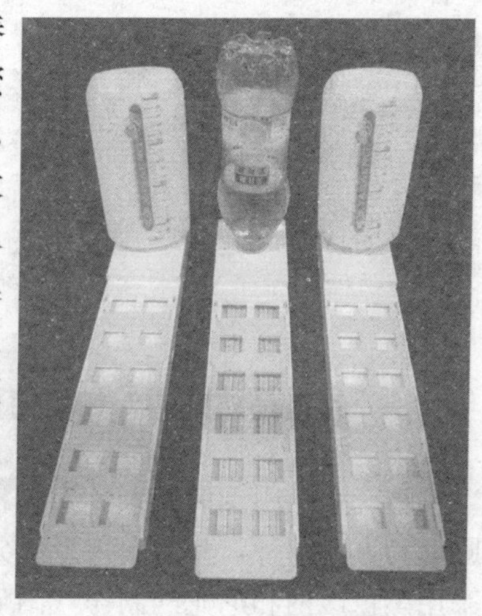

图41　巢门饲喂蜂

国外使用专门的箱顶容器喂蜂，效率高、不起盗。国内还有用

塑料袋装液体食物，用针扎穿一些小孔，置于蜂箱供蜜蜂慢慢取食。

68. 限王工具有哪些？如何使用？

限制蜂王活动范围的工具有隔王板、蜂王产卵控制器和王笼等。

(1) 隔王板 有平面和立面两种，均由隔王栅片镶嵌在框架上构成（图 42）。它将蜂巢隔离为繁殖区和生产区，即育虫区与贮蜜区、育王区、产浆区，以便提高产量和质量。平面隔王板使用时水平置于上、下两箱体之间，把蜂王限制在育虫箱内繁殖。立面隔王板使用时竖立插于巢箱内，将蜂王限制在巢箱选定的巢脾上产卵繁殖。

(2) 蜂王产卵控制器 由立面隔王板和局部平面隔王板构成（图 43），把蜂王限制在巢箱特定的巢脾上产卵，而巢箱与继箱之间无隔王板阻拦，让工蜂顺畅地通过上下继箱，以提高效率。在养蜂生产中，应用于雄蜂蛹的生产和机械化或程序化的蜂王浆生产。

图 42 立面隔王板

图 43 组合式隔王板

(3) 王笼 由 8～10 根长约 4 厘米的竹丝和面积约 8 厘米^2 的两片塑料组成（图 44），竹丝穿过两塑料片圆孔，间隙 4.5 毫米。在秋末、春初断子治螨和换王时，常用来禁闭老蜂王或包裹报纸介绍蜂王。

(4) 蜂王节育套 由软塑料小管制作，直径约 4.5 毫米，一侧裁开，一端略微收缩（图 45）。使用时套在蜂王腹部，缩小的一端卡在腹柄处。

王笼和蜂王节育套都是控制蜂群断子用的，蜂王产卵控制器和隔王板是将蜂王限制在特定巢脾上产卵用的。蜂王节育套的各口边缘须光滑圆润，否则易伤害蜂王。

图 44　王笼

图 45　蜂王节育套

69. 上础工具有哪些？如何使用？

一般上础工具有埋线板、埋线器等。

(1) 埋线板　由 1 块长度和宽度分别略小于巢框内围宽度和高度、厚度为 15～20 毫米的木质平板，配上两条垫木构成。埋线时置于框内巢础下面作垫板，并在其上垫一块湿布（或纸），防止蜂蜡与埋线板粘连（图 46）。

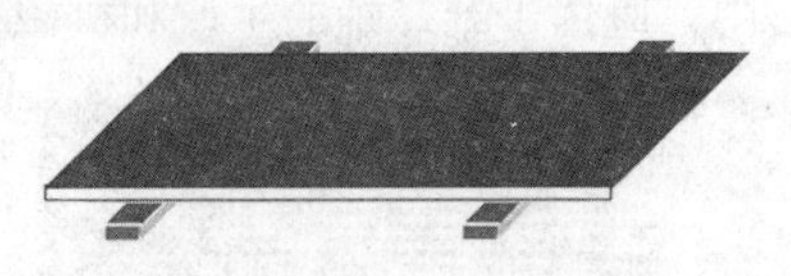

图 46　埋线板

(2) 埋线器　有烙铁式、齿轮式和电热式三种。烙铁式埋线器由尖端带凹槽的四棱柱形铜块配以手柄构成；使用时，把铜块端置于火上加热，然后手持埋线器，将凹槽扣在框线上，轻压并顺框线滑过，使框线下面的础蜡熔化，并与框线粘合。齿轮式埋线器由齿轮配以手柄构成，齿轮采用金属制成，齿尖有凹槽；使用时，凹槽卡在框线上，用力下压并沿框线向前滚动，即可把框线压入巢础。电热式埋线器由一个小型变压器、一条电源线和两条输出线构成（图 47）；电流通过框线时产生热量，将蜂蜡熔化，断开电源，框线与巢础粘合，输入电压 220 伏（50 赫磁）、埋线电压 9 伏、功率 100 瓦，埋线速度为每框 7～8 秒。

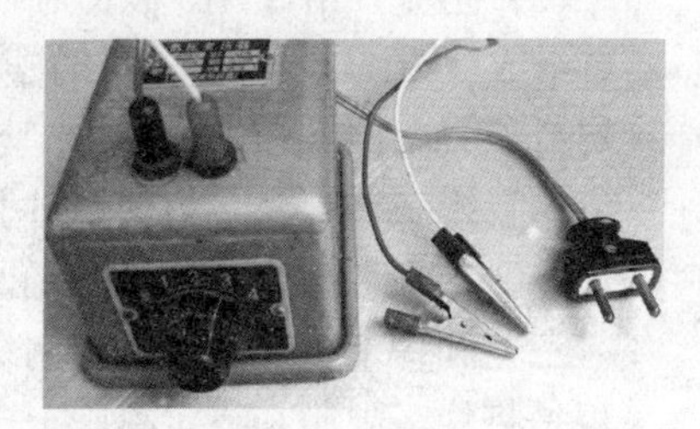

图 47　电埋线器械

70. 蜂群搜捕工具有哪些？如何使用？

搜捕工具即指收捕分蜂团的工具，有收蜂器、捕蜂网等。

（1）收蜂器 采用金属框架和铁纱制成，形似倒菱形漏斗，上有活盖，下有插板，两侧有耳，收捕高处的分蜂团时绑在竿上。使用时打开上盖，从下方套住蜂团并移动，使蜂团落入网内，随即加盖。抽去下部的插板，即可把蜂抖入蜂箱内。

（2）捕蜂网 由网圈、网袋、网柄三部分组成。网柄由直径2.6～3厘米和长为40厘米、40厘米、45厘米的三节铝合金套管组成，端部有螺丝，用时拉开、螺紧，长可达110厘米，不用时互相套入，长只有45厘米，似雨伞柄。网圈用四根直径0.3厘米、长27.5厘米的弧形镀锌铁丝组成，首尾由铆钉轴相连，可自由转动，最后两端分别焊接与网柄端部相吻合的螺丝钉和能穿过螺丝钉的孔圈，使用时螺丝钉固定在网柄端部的螺丝上。网袋用白色尼龙纱制作，袋长70厘米；袋底略圆，直径5～6厘米，袋口用白布镶在网圈上。使用时用网从下向上套住蜂团，轻轻一拉，蜂球便落入网中，顺手把网柄旋转180°，封住网口，提回。收回的蜜蜂要及时放入蜂箱。布袋式取蜂器与此类似。

山区群众还使用木制倒梯形收蜂斗（类似粮斛）收拢蜂群，分蜂季节将收蜂斗分散挂在蜂场周围、位置明显的树枝下，等待分蜂群临时聚集（图48）。

图48 收蜂斗

71. 保蜂工具有哪些？如何使用？

保蜂工具主要有手动（微型）喷雾器、治螨器等。

（1）手动喷雾器 由药罐、动力手柄、喷头和塑料管组成，药液按说明配好，注入药罐，拧紧喷头，即可对蜜蜂喷药，使用简便。

（2）治螨器 由加热装置、喷药装置、防护罩和塑料器架等部件组成，药液在输送到喷雾口的过程中被加热雾化，通过巢门或缝隙喷入蜂箱防治蜂螨。使用时，采用丁烷气作燃料、选择双甲脒药液。首先检查丁烷气阀门处于关闭状态，然后旋下气罐容器，放进刚打开盖的丁烷气罐，并立即把该容器重新装好。接着旋下药液罐，装满双甲脒药液（如药液含有杂质，则必须经过过滤处理）并装好。打开丁烷气的阀门，点火，预热蛇管约 2 分钟；再按压塑料器架上部的按钮，将药液送入被加热的蛇管气化，同时，把喷汽嘴对准蜂箱巢门，将经雾化的药液喷入蜂巢进行治螨。注意事项，在使用过程中，当药液雾化颗粒较大时，应停止送药，升高蛇形管温度后再送药，以使其充分气化，提高治螨效果。

小资料：自制两罐雾化器。由药液罐、动力系统、螺旋加热管、喷头、防风罩、燃烧罐组成（图 49）。药液罐和动力系统由小型油压枪改制；防风罩和燃烧罐使用一大一小的铝制饮料瓶加工，将防风罩套在燃烧罐外面中部，在燃烧罐下部盛放酒精燃料，中部对着防风罩部分打穿小孔供氧；螺旋加热管和喷头利用废旧冰箱铜管制成，直的一端与药液罐输出管连接，螺管部分在燃烧罐中加热，喷头从燃烧罐伸出 5 厘米左右。使用时先将杀螨剂与煤油按 1∶6 加入煤油，充分

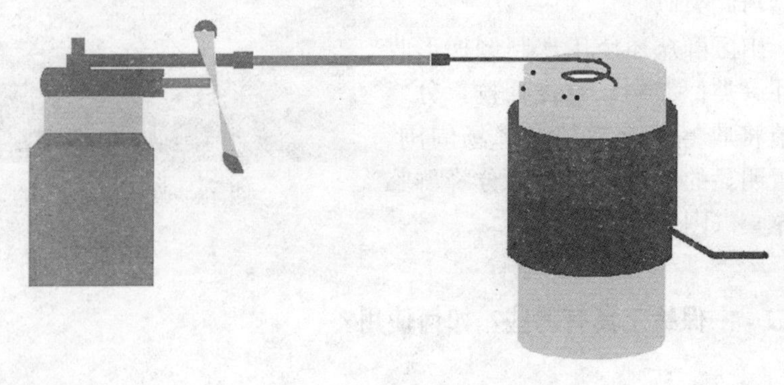

图 49　两罐喷雾器结构

混合，并注入药液罐；然后点燃酒精，加热螺旋管，再将喷头从巢门或其他缝隙伸进蜂箱，对准空处，按压动力手柄3～4下，最后关闭巢门10分钟左右。

72. 什么是蜜粉源植物？

蜜粉源植物一般是指能为蜜蜂提供花蜜、花粉的植物，也泛指能为蜜蜂提供各种采集物的植物，如蜂胶、甘露、有毒花蜜等。此外，在某些年份和特定地区，一些蚜虫、介壳虫等能给蜜蜂提供蜜露。蜜蜂的主要食料来自蜜源植物的花——花蜜腺分泌的花蜜和花药产生的花粉。

小资料：蜜源是否丰富是养好蜜蜂和决定产量高低的关键因素。

73. 蜜源植物如何分类？

按提供材料外性质可分为花蜜植物、粉源植物、甘露植物、蜜露植物、胶源植物等；以采集植物的用途可分为作物蜜源、果树蜜源等；按对养蜂生产价值大小可分为主要蜜源、重要辅助蜜源和有害蜜源等。凡是能生产大量商品蜂蜜或花粉的植物统称主要蜜源植物，我国主要蜜源植物有30种左右。

小资料：杨柳科、松科、桦木科、柏科和漆树科中的多数种，以及桃、李、杏、向日葵、橡胶树等植物，其芽苞、花苞、枝条和树干的破伤部分能分泌树脂、胶液并能被蜜蜂采集加工成蜂胶。

74. 我国有哪些主要作物蜜源？

(1) 油菜 属于十字花科油料作物（图50）。我国南北均广泛栽培，绵阳、成都、青海、湖北、甘肃河西走廊是油菜蜜生产基地。1～8月开花，开花期约30天，泌蜜盛期15天左右。油菜花蜜、粉丰富，繁蜂好，花期中可造脾2～3张，强群可取商品蜜10～40千克，产浆 2～3 千克，脱粉 3 千克。

图 50 油 菜

小资料：秦岭及长江以南地区白菜型油菜在 1～3 月开花，芥菜及甘蓝型油菜花期为 3～4 月。油菜花期华北地区为 3～5 月，陕西、青海和内蒙古在 7～8 月。

（2）芝麻 属于胡麻科油料植物。全国有 66.67 万公顷，河南栽培最多，湖北次之，安徽、江西、河北、山东等省种植面积也较大。7～8 月开花，花期 30 天，夜雨昼晴泌蜜多。芝麻花蜜粉丰富，花期中可产浆 2 千克、脱粉 2 千克和造脾 2 张，河南省驻马店市每群蜂可采蜜 5～30 千克。

小资料：芝麻花期蜂群易患卷翅病，开花后期易发生盗蜂。

（3）荞麦 属于蓼科粮食作物。全国每年播种面积约 200 万公顷，分布在甘肃、陕西北部、宁夏、内蒙古、山西、辽宁西部等地。花期 8～10 月，泌蜜 20 天以上。荞麦花泌蜜量大，花粉充足，适宜繁殖越冬蜂，或产浆 1～2 千克、脱粉 2 千克和造脾 2 张，每群能取蜜 20～50 千克。

荞麦开花后期易发生盗蜂。

（4）向日葵 属于菊科经济作物，在黑龙江、辽宁、吉林、内蒙古、山西、陕西等地种植最多。7 月中旬至 8 月中旬开花，泌蜜期 20 天。向日葵花蜜、粉丰富，一般每群蜂可取蜜 30～50 千克、采集 5 千克花粉。

（5）棉花 属于锦葵科经济作物。我国种植总面积达 500 万公顷，其中新疆、江苏、湖北、河北、山东、江西、河南常年种植棉花

面积均超过60万公顷。在新疆的吐鲁番、南疆种植的海岛棉是著名的棉花蜜源场地。棉花在7～9月开花，泌蜜盛期40～50天，一般每群蜂可取蜜40～150千克。

小资料：抗虫（转基因）棉泌蜜不佳，不适宜作为蜜源植物。

（6）党参　属于桔梗科草本药材蜜源，以甘肃、陕西、山西、宁夏种植较多。党参花期从7月下旬至9月中旬，长达50天。党参花期长、泌蜜量大，三年生党参泌蜜好。每群蜂产量为30～40千克，丰收年高达50千克。

（7）茶叶　属于山茶科经济作物，有乔木也有灌木。浙江、福建、云南、河南都有大量种植，10～12月开花。每群蜂可取茶花蜂花粉5～10千克、生产蜂王浆2千克。

小资料：茶叶花期坚持用糖水喂蜂，可减轻花期蜜蜂烂子病症状。茶叶花粉是翌年春季饲喂蜂群的优良饲料。

75. 我国有哪些主要果树蜜源？

（1）柑橘　属于芸香科常绿乔木或灌木类果树，分为柑、橘、橙三类。分布在秦岭、江淮流域及其以南地区。多数在4月中旬开花，群体花期20天以上，泌蜜期仅10天左右。意蜂群在一个花期内可采蜜20千克，中蜂群可收蜜10千克。柑橘花粉呈黄色，有利于蜂群繁殖。柑橘花期天气晴朗则蜂蜜产量大，反之则减产。

小资料：蜜蜂是柑橘异花授粉的最好媒介，可提高产量1～3倍，通常每公顷放蜂1～2群，分组分散放在果园里的向阳地段。

（2）荔枝　属于无患子科乔木果树。主要产地为广东、福建、广西，其次是四川和台湾，全国约有6.7万公顷。1～5月开花，花期30天，泌蜜盛期20天。雌、雄开花有间歇期，夜晚泌蜜，泌蜜有大小年现象。荔枝树花多、花期长、泌蜜量大，每群蜂可取蜜30～50千克，西方蜜蜂兼生产蜂王浆。

（3）枣树　属于鼠李科落叶乔木或小乔木（图51）。分布在河南、山东、河北、陕西、甘肃和新疆等地。枣树在华北平原5月中旬至6月下旬开花，在黄土高原则晚10～15天。整个花期40天以上，其中泌蜜时间持续25～35天。通常一群蜂可采枣花蜜15～25千克，最高可达40千克。

小资料：枣花花粉少，单一的枣花场地所散花粉不能满足蜜蜂消耗，须补喂花粉。枣农施药（如赤霉素），会使蜜蜂中毒；除草剂可使周边500米内的枣花失去采蜜价值；干旱天气会加剧群势下降。

图51　枣树（赵运才 摄）

(4) 枇杷　属于蔷薇科常绿小乔木果树。浙江余杭、黄岩，安徽歙县，江苏吴县，福建莆田、福清、云霄，湖北阳新等地栽培最为集中。枇杷在安徽、江苏、浙江11～12月开花，在福建11月至翌年1月开花，花期长达30～35天。枇杷在18～22℃、昼夜温差大的南风天气，相对湿度60%～70%时泌蜜最多。蜜蜂集中在中午前后采集。刮北风遇寒潮不泌蜜。一群蜂可采蜜5～10千克，在河南郑州市可采足越冬饲料。枇杷花粉黄色，数量较多，有利于蜂群繁殖。

(5) 龙眼　又称桂圆，属于无患子科常绿乔木、亚热带栽培果树。海南岛和云南省东南部有野生龙眼，以福建、广东、广西栽种最多，其次为四川和台湾。福建的龙眼集中在东南沿海各县市。龙眼树在海南岛3～4月、广东和广西4～5月、福建4月下旬至6月上旬、四川5月中旬至6月上旬开花，花期长达30～45天，泌蜜期15～20天。龙眼开花泌蜜有明显大小年现象，大年天气正常，每群蜜蜂可采蜜15～25千克，丰年可达50千克。龙眼花粉少，不能满足蜂群繁殖所需。由于龙眼花期正值南方雨季，是产量高但不稳产的蜜源植物。龙眼夜间开花泌蜜，泌蜜适宜温度为24～26℃。晴天夜间温暖的南风天气，相对湿度70%～80%，泌蜜量大。花期遇北风、西北风或西南风不泌蜜。

小资料：所有果树花期，都须预防蜜蜂农药、激素中毒。

76. 我国有哪些主要牧草蜜源？

(1) 紫花苜蓿 属于豆科、多年生栽培牧草。全国约种植66.7万公顷，主要分布在陕西（关中、陕北）、新疆（石河子、阿勒泰及阿克苏地区）、甘肃（平凉、庆阳、定西、天水）、山西（吕梁地区、运城、临汾、晋中、忻州）。紫花苜蓿在山西永济5月上旬始花，陕西、甘肃、宁夏、新疆5～6月始花，内蒙古7～8月始花，花期长达1个月。强群采蜜80千克左右，粉少。

(2) 草木樨 属于豆科牧草。分布在陕西、内蒙古、辽宁、黑龙江、吉林、河北、甘肃、宁夏、山西、新疆等地。6月中旬至8月开花，盛花期30～40天。白香草木樨花小而数量大，蜜粉均丰富，通常一群蜂可采蜜20～40千克，丰收年可达50～60千克。花期可生产蜂王浆和花粉。

(3) 紫云英 属于豆科绿肥和牧草（图52）。长在长江中下游流域，河南主要播种在光山、罗山、固始、潢川等县。1月下旬至5月初开花，花期1个月，泌蜜期20天左右。紫云英泌蜜最适温度为25℃，相对湿度75%～85%，晴天光照充足则泌蜜多。干旱、缺苗、低温阴雨、遇寒潮袭击以及种植在山区冷水田里，都会减少泌蜜或不泌蜜。在我国南部紫云英种植区，通常每群蜂可采蜜20～30千克，强群日进蜜量高达12千克，产量可达50千克以上。紫云英花粉橘红色、量大、营养丰富，可满足蜂群繁殖、生产王浆和花粉的需要。

图52 紫云英

小资料：在蜜蜂采集紫云英花蜜过程，如刮黄风、沙风，紫云英不泌蜜，且伴有爬蜂病发生。

(4) 毛叶苕子 属于豆科牧草、绿肥，江苏、安徽、四川、陕西、甘肃、云南等栽种多。毛叶苕子在贵州兴义3月中旬，四川成都4月中旬，陕西汉中4月下旬，江苏镇江、安徽蚌埠5月上中旬，山西右玉7月上旬开花，花期20天以上。每群蜂可取蜜15～40千克。

(5) 光叶苕子 属于豆科牧草、绿肥，主要生长在江苏、山东、陕西、云南、贵州、广西和安徽等地。广西为3月中旬至4月中旬，云南为3月下旬至5月上旬，江苏淮阴地区及山东、安徽为4月下旬至5月下旬开花，开花泌蜜期25～30天。每群蜂常年可取蜜30～40千克。花粉粒黄色，对繁殖蜂群和生产蜂王浆、蜂花粉都有利。光叶苕子经蜜蜂授粉，产种量可提高1～3倍。

(6) 密花香薷 属于唇形科草本蜜源，分布在河南三门峡市、宁夏南部山区、青海东部、甘肃河西走廊以及新疆天山北坡。7月上中旬至9月上中旬开花，泌蜜盛期在7月中旬至8月中旬。每群蜂可采蜜20～50千克。

(7) 野坝子 属于唇形科多年生灌木状草本蜜源。主要生长在云南、四川西南部和贵州西部。10月中旬至12月中旬开花，花期40～50天。常年每群蜂可采蜜20千克左右，并能采够越冬饲料。花粉少，单一野坝子蜜源场地不能满足蜂群繁殖的需要。

(8) 老瓜头 属于萝藦科夏季荒漠地带草本蜜源植物，是草场沙漠化后优良的固沙植物。生长在库布齐、毛乌素两大沙漠边缘，如宁夏盐池、灵武，陕西榆林地区古长城以北及内蒙古鄂尔多斯市。5月中旬始花，7月下旬终花，6月份为泌蜜高峰期。老瓜头泌蜜适温为25～35℃。开花期如遇天阴多雨泌蜜减少，下一次透雨2～3天不泌蜜。花期每间隔7～10天下一次雨，生长旺盛，为丰收年。持续干旱开花前期泌蜜多，花期结束早。每群蜂可采50～100千克蜂蜜。老瓜头蜜与枣花蜜相似。

小资料：老瓜头场地常缺乏花粉，需要及时补充。

(9) 车轴草 又称三叶草，有红车轴草和白车轴草，属于豆科多年生花卉和牧草、绿肥作物，为城市夏季主要蜜源。分布在江苏、江西、浙江、安徽、云南、贵州、湖北、辽宁、吉林、黑龙江和河南等省。4～9月开花，5～8月集中泌蜜。每群蜂采红三叶草蜜约5千克，可提高红三叶草结籽率70%；采白三叶草蜜10～20千克。

77. 我国有哪些主要林木蜜源?

(1) 刺槐 属于豆科落叶乔木(图 53)。分布在江苏和安徽北部、胶东半岛、华北平原、黄河故道、关中平原、陕西北部、甘肃东部和辽宁等地。刺槐开花，郑州和宝鸡4月下旬至5月上旬，北京在5月上旬，江苏、安徽北部和关中平原为5月上中旬，长治为5月中旬，胶东半岛和延安5月中旬至5月下旬，秦岭和辽宁为5月下旬，开花期10天左右。每群蜂产蜜30千克，多者可达50千克以上。在同一地区，平原气温高先开花，山区气温低后开花，海拔越高花期越延迟，开花时间常相差1周左右，所以，一年中可转地利用刺槐蜜源两次。

图 53 刺 槐

全国刺槐蜜源向西北转移，陕西、甘肃和山西已经成为主要刺槐蜂蜜生产基地。

(2) 椴树 主要蜜源有紫椴和糠椴，为落叶乔木，以长白山和兴安岭林区分布最多、泌蜜好。紫椴花期在6月下旬至7月中下旬，开花持续20天以上，泌蜜15～20天。紫椴开花泌蜜“大小年”明显，但由于自然条件影响，也有大年不丰收、小年不歉收的情况。糠椴开花比紫椴迟7天左右，泌蜜期20天以上。泌蜜盛期强群日进蜜量达15千克，常年每群蜂可取蜜20～30千克，丰年达50千克。

小资料：椴树开花后期有胡枝子可供利用。

(3) 柃 别名野桂花，乔木，为山茶科柃属蜜源植物的总称。柃在长江流域及其以南各省、自治区的广大丘陵和山区生长，江西的萍乡、宜春、铜鼓、修水、武宁、万载，湖南的平江、浏阳，湖北的崇阳等地，柃的种类多、数量大，开花期长达4个多月，是我国“野桂花”蜜的重要产区。柃花大部分被中蜂所利用，浅山区西方蜜蜂也能采蜜。同一种柃有相对稳定的开花期，群体花期10～15天，单株7～10天。不同种的柃交错开花，花期从10月到翌年3月。中蜂常年每群蜂产蜜20～30千克，丰年可达50～60千克。柃雄花先开，蜜蜂积极采粉，中午以后雌花开，泌蜜丰富，在温暖的晴天，花蜜可布满花冠。柃花泌蜜受气候影响较大，在夜晚凉爽、晨有轻霜、白天无风或微风、天气晴朗、气温15℃以上泌蜜量大。在阴天甚至小雨天，只要气温较高，仍然泌蜜，蜜蜂照常采集。最忌花前过分干旱或开花期低温阴雨。

(4) 荆条 属于马鞭草科的灌木丛或小乔木。主要分布在河南山区、北京郊区、河北承德、山西东南部、辽宁西部和山东沂蒙山区。6～8月开花，花期40天左右。一个强群取蜜25～60千克，生产蜂王浆2～3千克。

小资料：荆条花粉少，加上蜘蛛、壁虎、博落回等天敌和有害蜜源的影响，多数地区采荆条的蜂场蜂群群势下降。中蜂还要预防金龟子的为害。

(5) 乌桕 属于大戟科乌桕属蜜源植物，落叶乔木，其中栽培的乌桕和山区野生的山乌桕均为南方夏季主要蜜源植物。乌桕分布在长江流域以南各省自治区，6月上旬至7月中旬开花，常年每群蜂可取蜜20～30千克，丰年可达50千克以上。山乌桕生长在江西省的赣州、吉安、宜春、井冈山等地，湖北大悟、应山和红安，贵州的遵义以及福建、湖南、广东、广西、安徽等地。在江西6月上旬至7月上旬开花，整个花期40天左右，泌蜜盛期20～25天，是山区中蜂最重要的蜜源之一。每群蜂可取蜜40～50千克，丰收年可达60～80千克。

(6) 桉树 泛指桃金娘科桉属的夏、秋、冬开花的优良蜜源植物，乔木。分布于四川、云南、海南、广东、广西、福建、贵州，6月至翌年2月开花。每群蜂生产蜂蜜5～30千克。

78. 我国有哪些辅助蜜源植物？

除主要蜜源植物外，我国能生产商品蜜的重要蜜源有130余种。

(1) 林木类 有马尾松(甘露)、桉、杨*、旱(垂)柳、槐、椿(臭椿)、(苦)楝、女贞(白蜡树)、橡胶、粗糠柴(香桂)、漆、柽柳(西湖柳)、杜鹃(映山红)、泡桐(兰考泡桐)、水锦、六道木、栾、紫穗槐。

(2) 果树类 有板栗、苹果、梨、猕猴桃、沙枣(银柳)、柿、山楂、柳兰、核桃、杏、桃、樱桃。

(3) 作物类 有芝麻菜(芸芥)、茴香(小茴香)、槿麻(洋麻、黄红麻,主要产生甘露)、罂粟(阿芙蓉)、蚕豆(胡豆)、驴豆(红豆草)、韭菜、芫荽(香菜)、油茶、棕榈树、辣椒、烟叶、西瓜、南瓜、西葫芦、香瓜、冬瓜、丝瓜、玉米*(玉蜀黍,少数年份产生甘蜜露)、水稻*、高粱*、荷花*(莲花、莲)、大豆、大葱、油茶。

(4) 花草类 有石楠、田菁(盐蒿)、水蓼(辣蓼)、小檗(秦岭小檗)、蓝花子、悬钩子(牛叠肚)、苦豆子、骆驼刺、沙打旺(直立黄芪)、膜夹黄芪(东北黄芪)、牛奶子、岗松(铁扫把)、大花菟丝子、薇孔草、葎草(啦啦秧)、瓦松、野草香(野苏麻)、紫苏(白苏)、薰衣草、东紫苏(米团花)、百里香(地椒)、鸡骨柴(酒药花)、香薷(山苏子)、柴荆芥(山苏子、木香薷)、牛至(满坡香)、瑞苓草、大蓟、芒(芭茅)、补龙胆、大叶白麻、火棘、铜锤草。

(5) 药材类 有丹参、夏枯草(牛抵头)、桔梗、五味子、益母草、宁夏枸杞(中宁枸杞)、黄连(三探针)、苦参、薄荷(留兰香)、君迁子(软枣)、甘草、怀牛膝、当归(秦归)、茵陈蒿(黄蒿)、野菊花、血草(中华补血草)、麻黄、黄连、地黄、冬凌草、山茱萸。

(6) 灌木类 有野皂荚(麻箭杈针)、胡枝子、白刺花(狼牙刺)、冬青(红冬青)、黄栌(黄栌柴,蜜露)、杜英、越橘(短尾越橘)、蔷薇等。

79. 植物泌蜜散粉的机理是什么?

(1) 花—蜜腺—花蜜 绿色植物光合作用所产生的有机物质,用

---

* 以散粉为主,下同。

于建造自身器官和支付生命活动的能量消耗，剩余部分积累并贮存于植物某些薄壁组织中，在开花时，以甜蜜的形式通过蜜腺分泌到体外，即花蜜，用于招徕昆虫或其他动物为其传粉。

(2) 花—花药—花粉 花粉是植物的（雄）性细胞，在花药里生长发育。植物开花时，花粉成熟即从花药开裂处散发出来。一方面作为雌蕊的授精载体，另一方面作为食物吸引媒介动物为其传播。

80. 影响泌蜜散粉的因素有哪些?

影响植物开花泌蜜散粉的因素，一是植物本身的特性，如遗传因素、花的位置和大年小年等；二是外界环境条件，如光照与气温、湿度与降水、刮风与沙尘、向阳或河谷等；三是人为影响，如栽培技术、生长好坏、农药喷洒、激素应用、基因变化等。

一般说来，阳光充足、雨水适中、风和日丽、温度15～35℃、健康的植株分泌花蜜和散粉较好，反之则差。

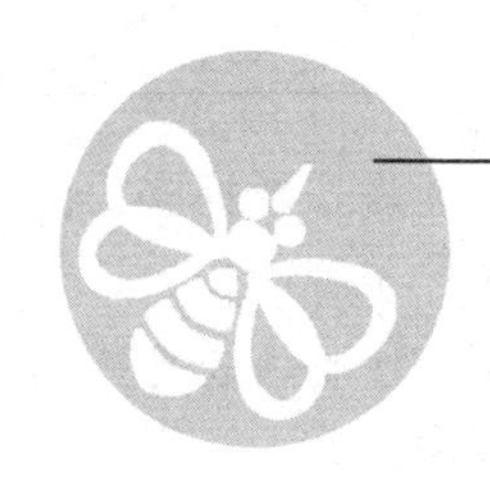

二、蜂群管理

81. 养什么蜂种好?

根据地理环境、蜜源特性和饲养目的、方式选择适合的蜂种。

中蜂能够生产蜂蜜、蜂蜡，利用零星蜜源，管理省工，蜜价较高。当前适合山区、定地饲养。其抗蜂螨病、白垩病和爬蜂症，但不抗囊状幼虫病。

意蜂可以生产蜂蜜、花粉、王浆、蜂胶、蜂毒、蜂蜡和蜂蛹等，能够突击利用大宗蜜源，产量高、效益好。适合转地放蜂。其抗囊状幼虫病，但不抗蜂螨病、白垩病、爬蜂症。

无论何蜂种，只要蜜源丰富、管理得当、注重销售，都会获得好效益。

82. 如何购买蜂种?

包括挑选蜂群、定价付款和运输蜂群等几个环节。

(1) 挑选蜂群 应在晴暖天气的中午到蜂场观察，所购蜂群要求蜂多而飞行有力有序，蜂声明显，工蜂健康，有大量花粉带回；蜂箱前无爬蜂、酸和腥臭气味、石灰子样蜂尸等病态（图 54）。然后再打开蜂箱进一步挑选。要求蜂王颜色新鲜，体大胸宽，腹部秀长丰满，行动稳健，产卵时腹部伸缩灵敏，

图 54 白垩病

动作迅速，提脾安稳，产卵不停；工蜂体壮，健康无病，新蜂多，性情温驯，开箱时安静、不扑人、不乱爬，体色一致；子脾面积大，封盖子整齐成片、无花子、无白头蛹和白垩病等病态，子脾占总脾数的一半以上；幼虫色白晶亮饱满；巢脾不发黑，雄蜂房少或无，有一定数量的蜜粉；蜂箱坚固严密，尺寸标准；群势早春不小于 2 框足蜂，夏秋季节大于 5 框。

（2）定价付款 买蜂以群论价，脾是群的基本单位。脾的两面爬满蜜蜂（不重叠、不露脾）为 1 脾蜂，意蜂约 2 400 只，中蜂约3 000 只。2010 年后，早春 1 脾蜂 80～100 元，秋季则 40 元左右。买蜂也以重量计价（如笼蜂），一般是 1 千克约有 10 000 只意蜂，有中蜂 12 500只，占 4 个标准巢框。

小资料：花子是指幼虫、蛹、卵和空巢房相间混杂，白头蛹是蜜蜂将封盖清除露出白色蛹头，这些都是蜂病或受到天敌危害的表现。

小资料：初养蜂者，务必从高产稳产无病的蜂场购买蜂群，容易获得成功。

83. 如何诱捕蜂群?

在分蜂季节，将蜂箱置于野生蜂群多且朝阳的半山坡上、位置明显的大石或大树旁，内置镶嵌好的巢础框，飞出来的野生蜂群就会住进去。两天巡视一次，将住进箱的蜜蜂搬到合适的地方饲养或就地饲养。蜂箱搬走后原位置再放同样蜂箱，继续收罗来投分蜂蜂群。

小资料：事前使用蜜水浸泡蜂箱，或者在蜂箱周围放置取蜜时留下的蜡渣，可吸引分蜂群，提高成功率。利用这个方法，在河南省陕县店子乡宽坪村，一对年轻夫妇，于 4 月下旬至 5 月上中旬，每年搜捕中蜂 60～100 窑（群）。

84. 如何捕捉分蜂群?

在蜂群周年生活中，分蜂繁殖是其自然规律。蜂群飞出蜂巢不久便在蜂场附近的树杈或屋檐下集结，2～3 小时后便举群飞走。在蜂

群团结后和离开前，最有利于捕捉。在抓捕之前，先准备好蜂箱，摆放在合适的地方，内置1张有蜜有粉的子脾，两侧放2张巢础框（图55）。

图55 收 蜂

捕捉分蜂团的方法有多种，根据具体情况选择。

①可用捕蜂网套装分蜂团，然后拉紧绳索，堵住网口，撤回后抖入事前准备好的蜂箱中。

②结在低处小树枝上的分蜂团，可先把蜂箱置于蜂团下，然后压低树枝使蜂团接近蜂箱，最后抖蜂入箱。

③对于聚集在树干上的分蜂团，可用较硬的纸卷成V形纸筒，将蜂舀入事先准备好的蜂箱中。

④对于附着在小树枝上的分蜂团，可一手握住蜂团上部的树枝，另一手持枝剪在握树枝手的上方将树枝剪断，提回蜜蜂，抖入蜂箱。

⑤将有蜜有子的巢脾贴靠分蜂团，蜜蜂自动上脾，再将蜜蜂一脾一脾地收回。

捕捉分蜂群，务必将蜂王收回。一旦蜂王进箱，就可以盖好副盖、覆布和箱盖，待蜜蜂全部进箱后再做处理。

85. 怎样选定场址?

养蜂场是养蜂员生活和饲养蜜蜂、生产的场所。无论是定地养蜂或转地放蜂，都要选一个适宜蜂群和人生活的环境。

(1) 定地蜂场 在养蜂场地周围2.5千米半径内，须有1～2个比较稳产的主要蜜源和交错不断的辅助蜜源，无毒害蜜源。在山区，场址应选在蜜源所在区的南坡下，平原地带选在蜜源的中心或蜜源北面位置。方圆200米内的小气候要适宜，如温度、湿度、光照等，避免选在风口、水口、低洼处，要求背风、向阳，冬暖夏凉，巢门前面开阔，中间有稀疏的树林。水源充足、质量要好，周围环境安静。远离化工厂、糖厂、鸡场、猪场、铁路和有高压线的地方。另外，大气污染严重的地方（包括污染源的下风向）不得作为放蜂场地。要充分考虑有无虫、兽、水、火等对人和蜂的潜在威胁，以及生活用房、生产车间和仓库等。交通尽量便利，两蜂场之间应相距 2 千米左右。

（2）转地放蜂 须有帐篷，每到一处，蜜源都要丰富，且要预防蜜蜂中毒。场地之间可适当密集一些，但不能引起偏集和盗蜂。蜂场应设在车、船能到达的地方，以方便产品、蜂群的运输。转地蜂场同样要避免洪水冲淹、虫兽危害、人祸，以及蜜蜂对当地人畜的威胁。忌在蜜源方向已有蜂场后再进入建场，尊重当地同行，预防盗蜂和矛盾。

小资料：中蜂场地要距离意蜂场地 2.5 千米以上。中蜂场址的好坏和蜂箱摆放位置恰当与否，直接影响蜂群的分蜂和繁殖，因此，一个好的场址，须经过多年的观察确定。

86. 如何摆放蜂箱（群）?

排列摆放蜂群的方式多样，以蜂群数量、场地大小、地貌特点、蜂种和季节等而定，以方便管理、利于生产和不易引起盗蜂为原则（图 56）。放置蜂箱，要前低后高、左右平衡，用支架或砖块垫底，使蜂箱脱离地面 30 厘米左右。

图 56　刺槐花场地以排分组摆放蜂群（朱志强 摄）

（1）散放蜂群 是根据地形、树木或管理需要，将蜂群散放在四周，或加大蜂群间的排列距离，适合交配群、家庭养蜂和中蜂饲养。

（2）分组摆放 意蜂等西方蜜蜂，应采取两箱一组排列，前后错开，成排、方形或依地形放置；各箱紧靠的一字形排列，适应于冬季摆放蜂群；在车站、码头或囿于场地，多按圆形或方形排列。在国

外，常见巢门朝向东南西北四个方向的4箱一组的排列方式，蜂箱置于底座上，有利于机械装卸和越冬保暖包装。

转地蜂场若要组织采集群，则蜂箱紧靠；若要平分蜂群，则蜂箱间距要大，留出新分群位置。交尾群应放在蜂场四周僻静处，蜂路开阔，标志物明显。成排摆放蜂群，每排不宜过长，以防蜂盗。

87. 如何看懂蜂情？

根据蜜蜂生物学特性和养蜂实践经验，养蜂员在蜂场和巢门前观察蜜蜂的行为和现象，可分析和判断蜂群的情况。

譬如判断蜜源与蜂群好坏，在天气晴朗、外界有蜜源的时期，如果工蜂进出巢频繁，就说明群强，外界蜜源充足；如果携带花粉的蜜蜂多，就说明蜂王产卵积极，巢内幼虫较多，繁殖好；若见采集蜂出入怠惰，很少带回花粉，则说明繁殖差，可怀疑蜂王质量差或蜂群出现分蜂热。进一步观察，若有工蜂在巢门附近轻轻摇动双翅，来回爬行，则是蜂群无王的表现；如果有蜜蜂伺机瞅缝隙钻空子进巢，则为蜜源中断发生盗蜂表现。春季如果巢门前有黑色或白色石灰子样的蜂尸，可断定蜂群患了白垩病；夏季如果巢穴中散发出腥（或）酸臭味，可断定蜂群患了幼虫腐烂病；蜂箱周围爬行无翅、残翅蜜蜂，是大螨为害所致；冬季巢门前散落蜜蜂翅膀，箱内必有老鼠。

生产蜂花粉时，如果发现蜜蜂进出巢门数量大减或卸蜂时打开巢门蜜蜂爬在箱内不动，说明蜜蜂已经受闷，应及时通风处理。在运蜂途中蜜蜂围堵通风窗口，发出嗤嗤叫声，散发刺鼻气味，此时要捅破通风窗挽救蜂群。

掀起蜂箱后缘，以轻重判断食物多寡。

88. 如何听懂蜂声？

蜂声是蜜蜂的有声语言，如蜜蜂跳分蜂舞时的呼呼声，似分蜂出发的动员令，发出“呼声”，蜜蜂便倾巢而出。蜜蜂围困蜂王时发出一种快速、连续、刺耳的吱吱声，工蜂闻之，就会从四面八方快速向

"吱吱"声音处爬行集中，使围困蜂王的蜂球越结越大，直到把蜂王闷死。当蜂王丢失时，工蜂会发出悲伤的无希望的哀鸣声。中蜂受到惊扰或胡蜂进攻时，在原地集体快速震动身体，发出"唰唰"的整齐划一的蜂声，向来犯之敌示威和恐吓。

89. 怎样开箱全面检查蜂群？

开箱检查即指打开蜂箱将巢脾依次提出仔细查看，全面了解蜂群的蜂、子、王、脾、蜜、粉和健康与否等情况。在分蜂季节，还要注意观察自然王台，判断有无分蜂热现象。开箱检查分全面检查和快速检查两种。

人站在蜂箱的侧面，先拿下箱盖，斜倚在蜂箱后箱壁，揭开覆布，用起刮刀的直刃撬动副盖，取下副盖反搭在巢门踏板前，然后，将起刮刀的弯刃依次插入蜂路撬动巢框，推开隔板，用双手拇指和食指紧捏巢脾两侧的框耳，将巢脾水平竖直向上提出于蜂箱的正上方(图 57)。先看正对着的一面，再看另一面。检查过程中，需要处理的问题应随手解决，检查结束时应将巢脾恢复原状；或子脾、新脾放中意，巢脾与巢脾之间相距 10 毫米左右。最后推上隔板，盖上副盖、覆布和箱盖，然后进行记录。

图 57　看蜂（朱志强 摄）

翻转巢脾时，一手向上提巢脾，使框梁与地面垂直，并以上梁为轴转动 180°；然后两手放平，使巢脾上梁在下、下梁在上，查看完毕，采用相同的方法翻动巢脾，放回箱内。再提下一脾进行查看。在熟练的情况下或无需仔细地观察卵、虫情况时可不翻转巢脾，先看正对的一面，然后，将巢脾下缘前伸、头前倾看另一面，看完放回箱内。

在检查继箱群时，首先把箱盖反放在箱后，用起刮刀的直刃撬动继箱，使之与隔王板等松开，然后，搬起继箱，横搁在箱盖上。检查

完巢箱后，把继箱加上，再检查继箱。

开箱检查会使蜂巢温度、湿度发生变化，影响蜂群正常生活，还易发生盗蜂，且费工费时。因此，能箱外观察就不要开箱，开箱以快速检查为宜。

90. 如何开箱快速检查蜂群？

打开蜂箱，针对某些问题，抽出特定巢脾进行查看，判定某个问题。例如，抽边脾看食物盈缺，看中间脾判断繁殖好坏等。

91. 蜂群什么时间开箱检查为宜？

开箱检查时间一般安排在流蜜期始末、分蜂期、越冬前后和防治病虫害时期，选择气温 12℃以上的无风晴朗天气进行。一天当中，流蜜期要避开蜜蜂出勤高峰时；蜜源缺乏季节在早晚蜜蜂不活动时，并在框梁上盖上覆布，勿使糖汁落在箱外；夏天应在早晚，天冷则在中午前后检查；交尾群应在上午进行检查；对中蜂宜在午后做全面检查。

开箱前须有计划，事前准备好起刮刀、割蜜刀、巢础框、防护衣帽、面盆等工具。

92. 开箱时蜂王起飞怎么办？

提脾检查，如果蜂王受惊起飞，能抓就抓，否则，将手中的蜜蜂抖落在巢门前，退守一边，等待蜂王随蜂回巢。如若蜂王久不归来，应向邻箱寻找。

93. 养蜂要记录哪些内容？

养蜂记录主要有检查记录、生产记录、天气和蜜源记录、蜂病和防治记录、蜂王基本情况和表现记录、蜂群活动情况和管理措施等，系统地做好记录是总结经验教训、提高养蜂技术和制定工作计划的重要依据，也是蜂产品质量溯源体系建设的组成部分。

蜜蜂数量是蜂群的主要质量标志，常用强、中、弱表示（表3）。开箱检查，根据巢脾数量、蜜蜂稀稠估计蜜蜂数量。在繁殖季节，子脾是群势发展的潜力。在仲春蜂群增殖时期，群势可达到10天增加1倍的发展速度；在夏季1张蛹脾羽化出的蜜蜂所维持的群势，仅相当于春季的1.5框蜂；秋季更少，1脾蛹仅相当于春季的1框蜂，这是夏秋成年蜜蜂寿命短的缘故。

表3　群势强弱对照表（脾）

蜂种	时期	强群		中等群		弱群	
		蜂数	子脾数	蜂数	子脾数	蜂数	子脾数
西方蜜蜂	早春繁殖期	>6	>4	4～5	>3	<3	<3
	夏季强盛期	>16	>10	>10	>7	<10	<7
	冬前断子期	>8	—	6～7	—	<5	—
中华蜜蜂	早春繁殖期	>3	>2	>2	>1	<1	<1
	夏季强盛期	>10	>6	>5	>3	<5	<3
	冬前断子期	>4	—	>3	—	<3	—

小资料：夏秋蜜蜂寿命长短与蜂群在这一时期的营养、群势和劳动强度等相关，强群、食物充足的寿命长。

94. 被蜂蜇刺有何后果？

当蜂群受到外界干扰后，工蜂将螫针刺入敌体，螫针连同毒囊一齐与蜂体断裂，在螫器官有节奏的运动下，螫刺继续深入射毒。打开蜂巢是对蜂群的侵犯，掠其蜂粮、烹食蜂儿更是野蛮的强盗行径，因此，养蜂生产中招惹工蜂而被蜇刺是正常的。

蜂蜇使人疼痛，被蜇部位表现红肿、发痒等炎症，面部被蜇还影响美观（图58），一般无须治疗，通常3天后可自愈。但有些人对蜂蜇过敏，受群蜂攻击，会发生严重的中毒现象，因此，要注意避免和减少蜂蜇。

雄蜂没有螯针不会蜇人，蜂王一般不蜇人（仅含在口中行刺），工蜂蜇人后自然死亡。

小资料：有些人对蜂毒过敏，被蜂蜇后，出现面红耳赤、恶心呕吐、腹泻肚疼，全身出现斑疹，瘙痒难忍，发热寒战，甚至发生休克。一般情况下，过敏出现的时间距被蜇时间越短，表现越严重，须及时救治。蜂毒引起的中毒症状是失去知觉、血压快速下降、浑身冷热异常等。2013 年湖北油菜花期，因蜂蜇致死水牛 12 头之多。

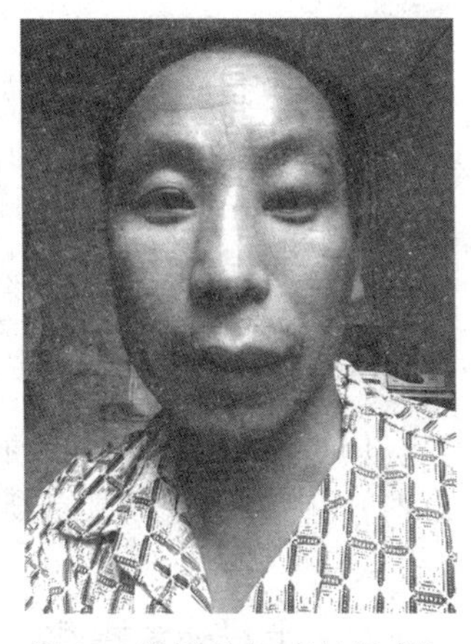

图 58　蜂蜇炎症(李长根 摄)

95. 如何预防蜂蜇？

将蜂场设在僻静处，周围设置障碍物，如用栅栏、绳索围绕阻隔，防止无关人员或牲畜进入。在蜂场入口处或明显位置竖立警示牌，以避免发生事故。

(1) 穿戴防护衣帽　操作人员应戴好蜂帽和工作服装，将袖、裤口扎紧（图 59），这对蜂产品生产和蜂群的管理工作都是非常必要的，尤其是在运输蜂群时的装卸工作，对工作人员的防护更是不可缺少。

图 59　做好防护工作

(2) 注意个人行为　检查蜂群遵循程序，操作人员应讲究卫生，着白色或浅色衣服，勿带异味，勿对着蜜蜂喘粗气和说大话。检查时心平气和，一心一意，操作准确，不挤压蜜蜂，轻拿轻放，不震动碰撞，尽量缩短开箱时间。忌站在箱前阻挡蜂路和穿戴蜜蜂记恨的黑色毛茸茸的衣裤。若蜜蜂起飞扑面或绕头盘旋时，应微闭双眼，双手遮住面部或头发，稍停片刻，蜜蜂会自动飞走，忌用手乱拍乱打、摇头或丢脾狂奔。若蜜蜂钻进袖和裤内，可将其捏死；若钻入鼻孔和头发内，及时将其压死；钻入耳朵中可将其压死，也可等其自动退出。在处死蜜蜂的位置，用清水洗掉异味。

（3）用烟镇压　开箱前准备好喷烟器（或火香、艾草绳等发烟的东西），喷烟驯服好蜇的蜜蜂。

96. 怎样处置蜂蜇?

被蜜蜂蜇刺后，首先要冷静，心平气和，放好巢脾，然后用指甲反向刮掉螫针，或借衣服、箱壁等顺势擦掉螫针，最后用手遮蔽被蜇部位，再到安全的地方用清水冲洗。如果被群蜂围攻，先用双手保护头部，退回屋（棚）中或离开蜂场，等没有蜜蜂围绕时再清除蜂刺、清洗创伤，视情况进行下一步治疗。

对少数过敏者或中毒者，应及时给予扑尔敏口服或注射肾上腺素，并送医院救治。

被蜂蜇后疼痛持续约 2 分钟，受伤部位红肿期间勿抓破皮肤。蜂场平时须配备小药箱，内存肾上腺素注射液、扑尔敏等抗过敏应急药物。

97. 更新蜂巢有何意义?

巢脾是蜜蜂个体生命的载体、群体生命的生长点，蜜蜂是否造脾、巢脾新旧，展现了蜂群生命力旺盛与否，影响着蜂群的兴衰。通常新脾颜色浅、巢房大，不污染蜂蜜，病虫害也少，培育出的工蜂个头大、身体壮；老脾颜色深、巢房小，变黑变圆，出生的蜜蜂个体小，易滋生病虫害。因此，饲养意蜂每两年更新一次巢脾，饲养中蜂需要年年更换巢脾。

积极更新巢脾，能够增加蜂蜡产量。

98. 如何镶装巢础？

修造巢脾包括钉框→打孔→穿线→镶础→埋线→插框六个工序。

（1）钉框 先用小钉子从上梁的上方将上梁和侧条固定，并在侧条上端钉钉加固，之后用钉固定下梁和侧条；钉框须结实、端正，上梁、下梁和侧条须在一个平面上。

（2）巢框打孔 用量眼尺卡住边条，从量眼尺孔上等距离垂直地在边条中线上钻 3～4 个小孔。

（3）穿线 使用 24 号铁丝，先将其一头在边条上固定，另一头依次穿过边条小孔，并逐一将每根铁丝拉紧，直到每根铁丝用手弹拨发出清脆之音为止，最后将铁丝的另一头固定。

（4）镶础 槽框上梁在下、下梁在上置于桌面。先把巢础的一边插入巢框上梁腹面的槽沟内，巢础左右两边距两侧条 2～3 毫米，上边距下梁 5～10 毫米，然后用熔蜡壶沿槽沟均匀地浇入少许蜂蜡液，使巢础粘在框梁上。巢础与上梁联结，可将蜡片在阳光下晒软，捏成豆粒大小，双手各拿 1 粒，隔着巢础，从两边对着一点用力挤压，使巢础粘在框梁上，自两头到中间等距离粘合 5 点。

（5）埋线 将巢础框平放在埋线板上，用手动埋线器卡住铁丝滑动或滚动，把每根铁丝埋入巢础中央。如果使用烙铁式埋线器，事先须将烙铁头加热。

（6）插框 在傍晚将巢础框插在边脾与隔板之间的位置，一次加 1 张。

小资料：电热埋线效率高、质量好，方法是在巢础下面垫好埋线板，套一巢框，巢础一边插入础沟，框线位于巢础上面并紧密接触。接通电源（6～12 伏），将一个输出端与框线的一端相连，然后一手持 1 根长度略比巢框高度长的小木条轻压上梁和下梁的中部，使框线紧贴础面，另一手持电源的另一个输出端与框线的另一端接通。框线通电变热 6～8 秒（或视具体情况而定）后断开，烧热的框线将部分础蜡熔化并被蜡液封闭黏合。

另外，使用模具装订巢框，通过并联电路装置供电、加热埋线，可提高钉框和上础效率。

99. 怎样修造优质巢脾？

修造合格优质的巢脾，安装的巢础必须平整、牢固，没有断裂、起伏、偏斜的现象，埋线时用力要均匀适度，即要把铁丝与巢础粘牢，又要避免压断巢础。造脾蜂群须保持蜂多于脾，饲料充足，在外界蜜源缺乏季节，需给蜂群喂糖。

巢础加进蜂群后第二天检查，对发生变形、扭曲、坠裂和脱线的巢脾，及时抽出淘汰，或加以矫正后将其放入刚产卵的新王群中进行修补。

巢础含石蜡量太大（或原料配方、工艺不合理）、础线压断巢础、适龄筑巢蜂少和饲料不足都会使新脾变形。

100. 如何利用报纸合并蜂群？

把两群或两群以上的蜜蜂全部或部分合成一个独立的生活群体，叫合并蜂群。蜂群的生活具有相对的独立性，每个蜂群都有其独特的气味——群味，蜜蜂凭借灵敏的嗅觉，能够准确地分辨出自己的同伴或其他蜂群的成员，从而决定接纳或拒绝（打架）。因此，将无王的蜜蜂合并到有王群中，混淆群味是成功合并蜂群的关键。

图 60　报纸法合并蜂群

报纸合并蜂群的操作程序是：取一张报纸，用小钉扎多个小孔。把有王群的箱盖和副盖取下，将报纸铺盖在巢箱上，上面叠加继箱，然后将无王群的巢脾带蜂放在继箱内，盖好蜂箱即可（图 60）。一般

10 小时左右，群味自然混合，蜜蜂将报纸咬破、串通，2～3 天后撤去报纸，整理蜂巢。

在刺槐等主要植物泌蜜盛期，也可以将无王蜂群与有王蜂群直接放在一起合并——直接合并；冬季越冬时亦可采用。

101. 合并蜂群应注意哪些问题?

合并蜂群的前 1 天，彻底检查被合并群，除去所有王台或品质差的蜂王；把无王群并入有王群，弱群并入强群；相邻合并，傍晚进行。

102. 蜜蜂种群为何发生战争?

每个蜂群都是一个独立的王国，如果工蜂跑到别的蜂群，非抢即盗，这是对食物、生存空间的竞争，是自然选择的规律。一方要不劳而获，一方要守卫家园，战争随之在两群蜜蜂间展开。

进入别的蜂群或贮蜜场所采集蜂蜜的蜜蜂叫盗蜂。主要起因是外界缺乏蜜源、蜂群群势悬殊、中华蜜蜂与意大利蜂同场饲养或蜂场相距过近、同一蜂场蜂箱摆放过长（大）以及蜂箱巢门过高、箱内饲料不足、管理不善等。另外，喂水和阳光直射巢门等也易引发盗蜂。

103. 盗蜂的危害有多大?

一旦发生盗蜂，轻者受害群的生活秩序被打乱，蜜蜂变得凶暴；重者受害群的蜂蜜被掠夺一空，工蜂大量伤亡；更严重者，被盗群的蜂王被围杀或举群弃巢飞逃。若发生各群互盗，则有全场覆灭的危险。另外，作盗群和被盗群的工蜂都有早衰现象，会给后来的繁殖等工作造成影响。

小资料：盗蜂有偷盗、强盗和拦路抢劫三种形式。蜜蜂闯入蜂巢是强盗，通过向守卫蜂献出一滴蜂蜜进入蜂巢是偷盗，半路索要花蜜是抢劫（图 61）。

图 61　中蜂拦截意蜂勒索食物

104. 如何识别盗蜂？

开始时，在被盗蜂群周围盘旋飞翔的盗蜂，瞅缝寻机进箱，降落在被盗蜂群巢门的盗蜂，不时起飞，躲避守门蜜蜂的攻击和检查。一旦被对方咬住，双方即开始拼命打斗，如果攻入巢穴，就抢掠蜂蜜，之后匆忙冲出巢门，在被盗蜂群上空盘旋数周后飞回原群。盗蜂归巢后将信息传递给其他同伴，遂率众前往被盗群强行搬蜜。此后，盗蜂要抢入被盗蜂巢，守门蜂依靠其嗅觉和气味辨识伙伴和敌人并加以抵挡，于是，被盗蜂群蜂箱周围蜜蜂麇集，秩序混乱，互相抱团打斗，爬行的、乱飞的，并伴有尖锐叫声。

有些蜂群巢门前虽然不见工蜂搏斗，也不见守卫蜂，但是，蜜蜂突然增多，外界又无花蜜可采，表明该蜂群已被盗蜂征服。还有些盗蜂在巢门口会献出一滴蜂蜜给守门蜜蜂，然后混进蜂巢盗蜜，有的直接闯进箱内抢掠。

发现上述情况，即可判定发生盗蜂。

盗蜂多是身体油光发亮的老年蜂，它们早出晚归。

105. 如何预防盗蜂？

选择有丰富、优良蜜源的场地放蜂，常年饲养强群，留足饲料。在繁殖越冬蜂前喂足越冬饲料，抽饲料脾补给弱群，饲料尽量选用白

糖。重视蜜、蜡和巢脾的保存。蜜源缺乏季节要在一早一晚检查蜂群，并用覆布遮盖暴露的蜂巢。降低巢门高度（6～7 毫米）。

中华蜜蜂和意大利蜂不同场饲养，对盗性强和守卫能力低的蜂种进行改造。相邻两蜂场应相距 2 千米以上，忌在同一蜜源方向上已有蜂场后再进入建场，同一蜂场蜂箱不摆放过长。中蜂、意蜂混养的蜂场，秋末不得开箱和饲喂中蜂。

预防盗蜂，平时要修补蜂箱，填堵缝隙，并且做到蜜不露缸、脾不露箱、蜂不露脾，场地上洒落蜜汁应及时用湿布擦干或用泥土掩埋，取蜜作业在室内进行，结束后洗净摇蜜机。

106. 怎样制止盗蜂？

（1）保护被盗群 初起盗蜂，立即降低被盗群的巢门，然后用白色透明塑料布搭住被盗群的前后，直搭到距地面 2～3 厘米高处，待盗蜂消失再撤走塑料布，并用清水冲洗。

（2）处理作盗群 如果一群盗几群，就将作盗群搬离原址数十米，原位置放带空脾的巢箱，收罗盗蜂，2 天后将原群搬回。如有必要，于傍晚在场地中燃火，消灭来投的盗蜂。

（3）网门防盗 用铁纱网做一个宽约 7 厘米（以堵住巢门为准）、高约 2.5 厘米、长约 7 厘米两端开口的筒，与巢门口相连，使蜜蜂通过纱网通道出入蜂巢。

（4）石子防盗 将石子堆放在被盗蜂群的巢门前，可干扰其视觉、恫吓盗蜂。

（5）互换箱位 将盗蜂箱与被盗箱互换位置。两群蜂箱颜色、形状和蜂王年龄须相似。

（6）诱杀盗蜂 傍晚在蜂箱前引燃自行车外胎，或在蜂箱后点燃白炽灯泡（下放水盆），消灭扑来的盗蜂。

（7）搬迁蜂场 全场蜂群互相偷抢一片混乱时，应当机立断将蜂场迁到 5 千米以外的地方，分散安置，饲养月余再搬回。蜂群到达新址后，门对门密集摆放蜂群，并冲洗蜂箱巢门。

防止盗蜂的方法还有很多，要根据实际情况选择合适的方法。

107. 工蜂能产卵吗？

工蜂也是雌蜂，具有发育不完全的生殖器官，蜂群在无王的情况下，部分工蜂卵巢发育，并向巢房中产下未受精卵，这些卵有些被工蜂清除，有些发育成雄蜂，自然发展下去，蜂群灭亡。

工蜂产卵初期一房一卵，有的还在王台中产卵，不久，在同一巢房内会出现数粒卵（图 62），东倒西歪，这些卵将长成发育不良的雄蜂。由工蜂生产的雄蜂与正常蜂群中粗壮威武的雄蜂相比，显得又小又瘦。产卵工蜂细长，腹部泛白，颜色黑亮，时常被工蜂追赶。另外，工蜂产卵蜂群蜜蜂多惊慌、蜇人。

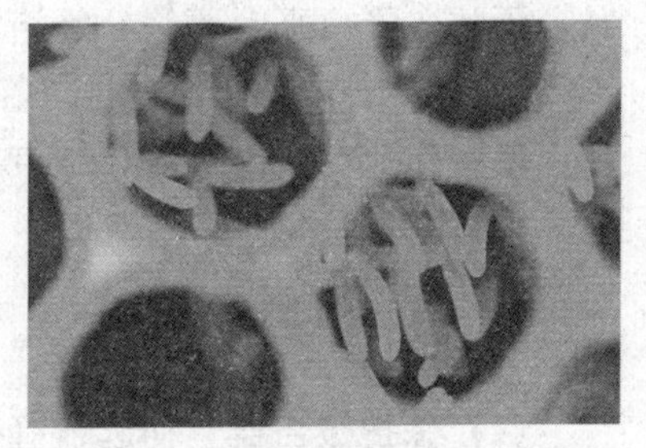

图 62　工蜂产卵

108. 怎样防止工蜂产卵？

预防措施是及时发现无王蜂群，导入蜂王或王台。

一旦发现工蜂产卵，将蜜蜂分散合并，巢脾化蜡。如果剩余蜜蜂不多，就将蜜蜂抖落地上，搬走蜂箱，任其进入他群。

一般挽救工蜂产卵蜂群，费时费力，得不偿失，因此，往往合并了事。也有利用大糖脾和大子脾更换工蜂产卵蜂群中所有巢脾的做法，并诱入老蜂王。

109. 怎样饲喂蜜蜂糖浆？

学会喂蜂是养好蜜蜂的关键措施之一。

糖水比为1：0.7，先将 7 份清水烧开，再加入白糖 10 份，搅拌熔化，并加热至锅响为止。将糖水热度降至室温，傍晚将塑料盒置于隔板外侧，再将糖水直接注入其中。若蜂箱内干净、不漏液体，也可

以将蜂箱前部垫高，傍晚时把糖浆直接从巢门倒入箱内喂蜂。喂蜂以白砂糖为宜，气味小，污染少。禁用劣质、掺假、污染的饲料，冬季和早春不宜使用果葡糖浆喂蜂。

给蜂喂糖有奖励喂蜂和补助喂蜂两种形式，每次喂蜂一般以午夜前后蜜蜂“吃”完为宜，避免发生盗蜂。

小资料：可向糖浆中加入山楂、人参、复合维生素等加强营养或帮助消化，也可加入相关药物防治疾病。用大蒜 0.5 千克压碎榨汁，加入 50 千克糖浆中喂蜂，可预防美洲和欧洲幼虫腐臭病、孢子虫病和爬蜂病。在 1 000 毫升糖浆中加 4 毫升食醋，也可预防孢子虫病。

110. 怎样进行奖励饲喂？

奖励喂蜂是以促进繁殖、采粉或取浆为目的，每天或隔天喂 1∶0.7的糖水或更稀薄的糖水 250 克左右，以够吃不产生蜜压卵圈为宜。如果缺食，先补足糖饲料，使每个巢脾上有 0.5 千克糖蜜，再进行补偿性奖励饲养，以够当天消耗为准，直到采集的花蜜略有盈余为止。早春喂糖，如果蜂数不足，应用糖脾来制约蜂群繁殖速度。

奖励饲喂（如早春喂蜂）采用箱内放置塑料盒，一端喂糖浆，一端喂水。使用虹吸原理制成的饲喂器，将糖水置于箱外支架上，用细管导入箱内隔板外侧具有虹吸装置的容器中。该方法简便快捷，易于控制。

喂糖多少依蜂的数量确定，忌暴饮暴食。

111. 怎样进行补助饲喂？

补助喂蜂是以维持蜜蜂生命为目的，在 3～4 天内喂给蜂群大量糖浆，使蜂群渡过难关。补助饲喂（如喂越冬饲料）时，采用大塑料盒，置于隔板外侧，一次喂蜂 2.5 千克左右。利用箱顶饲喂器更加方便、安全。

蜂群饲料以蜜蜂采集为主，生产时期以留蜜为主、饲喂为辅。大凡养蜂技术优秀的师傅，一般在当年最后一个蜜源花期保留继箱封盖蜜脾，作为蜂群越冬和春天繁殖饲料。

112. 怎样补充花粉饲料？

喂粉是给蜂群补充蛋白质以促进其繁殖，在蜜源植物散粉前20天开始喂粉，到主要蜜源植物开花并有足够的新鲜花粉采进箱时为止。有花粉脾、花粉饼等。

早春喂蜂粮脾，每脾贮存蜂粮300～350克；取出蜂粮巢脾，在其上喷少量稀薄糖水，直接加到蜂巢内供蜜蜂取食。平常喂花粉脾，首先把花粉团用水浸润，加入适量熟豆粉（25%以内）和糖粉，充分搅拌均匀，形成松散的细粉粒，用椭圆形的纸板（或木片）遮挡育虫房（巢脾中下部）后，把花粉装进空脾的巢房内，一边装一边轻轻拂压，使其装满填实，然后用蜜汁淋灌渗入粉团；用与巢脾一样大小的塑料板或木板，遮盖做好的一面，再用同样方法做另一面，最后加入蜂巢供蜜蜂取食。

早春喂花粉饼，先将蜂花粉闷湿润，加入适量蜜汁或糖浆，充分搅拌均匀，做成饼状或条状，置于蜂巢幼虫脾的框梁上，上盖一层塑料薄膜（图63），吃完再喂，直到外界粉源够蜜蜂食用为止。

图63　喂花粉饼

虞美人花粉虽能促进繁殖和抵抗疾病，但它会使蜜蜂兴奋，在没有充足的新鲜花粉采进时停止饲喂，将使蜂王的产卵量急剧下降。早春饲喂茶花花粉或低温保存的、生产期短的蜂花粉，营养较好，有利于蜂群繁殖。

113. 如何消毒花粉饲料？

把5～6个继箱叠在一起，每2个继箱之间放纱盖，纱盖上铺放2厘米厚的蜂花粉，边角不放，以利透气；然后，把整个箱体封闭，

在下燃烧硫黄，每箱3～5克，间隔数小时后再熏蒸一次。密闭24小时，晾24小时后即可使用。或者，使用过氧乙酸喷洒或熏蒸消毒，按说明书使用。

小资料：春季蜂群繁殖不得饲喂豆粉。花粉饲料宜自备、不宜买，变质的（变色、发酸）、烘烤过的饲料不得喂蜂。

114. 如何喂水?

春季寒冷时在箱内喂水，用脱脂棉连接水槽与巢脾上梁，并以小木棒或秸秆作攀附物，让蜜蜂取食。每次喂水够3天饮用，间断2天再喂，水质要好。利用瓶式饮水器械，亦可进行巢门喂水。

夏秋在蜂场周围放置饲水槽或挖坑（坑中铺垫塑料布，其中再放秸秆以供攀附），每天更换饮水。

蜜蜂活动季节坚持箱内喂水，可以提高产量、预防疾病。

115. 如何使幼虫得到充足的蜂乳?

蜂乳（又称蜂王浆）是工蜂上颚腺和营养腺分泌出来哺育小幼虫的食物，1只越冬工蜂在春天能养活1.2条小幼虫，当年新出生的1只工蜂能养活3.8条小幼虫。因此，春季蜂多于脾，夏秋蜂脾相称，才能保证蜜蜂幼虫得到充足的蜂乳食物。

小资料：蜂乳和蜂王浆是不同的。蜂乳喂给小幼虫，为淡青色、较稀薄，且量少；蜂王浆喂给蜂王和蜂王幼虫，乳白色或淡黄色、较稠厚，且量大。

116. 春季怎样繁殖健康蜜蜂?

保证食物充足、优质，有多少蜂养多少虫，控制繁殖速度和温度等，是春季繁殖健康蜜蜂的关键措施。繁殖健康蜜蜂还包括场地环境、食物供应、温度控制、繁殖时间、病虫防治、扩充蜂巢、蜂蜜生产等。

117. 早春如何选择放蜂场地？

早春在湖北、河南、四川等地油菜蜜源场地，宜选择向阳、通风和干燥的地方放置蜂群，蜂路开阔，远离人流密集和牲畜较多的地方放蜂。无须追求著名场地，但蜜源须够用。蜂箱前低后高、左右平衡，巢门朝南或向西均可；蜂箱2个一组或连着放，但不宜过长，前后排间隔不超过3米。在南方多风的地方，蜂群摆放还要求地势不高不低，雨天能够排水。

小资料：蜂场小环境应与田野大气候相同，避免采蜜蜂冻死不归影响繁殖。

118. 春季如何促蜂排泄？

蜂群进场或从室内搬到室外后，先排好蜂箱，再选择时间，在中午气温10℃以上的晴暖无风天气，10～14时掀起箱盖，使阳光直照覆布，提高巢内温度，同时喂给蜂群100克50%的糖水，促使蜜蜂出巢排泄。蜜蜂排泄后，如果不繁殖，就及时开箱用王笼把蜂王关起来，吊在蜂团中央，等待繁殖时机，同时抽出空脾，使蜂脾相称；对患病（如下痢）蜂群，使蜂多于脾；对缺蜜蜂群，在傍晚补给蜜脾。

繁殖期间，如果天气长期低温阴冷，抓住8℃以上无风晴暖的短暂时间，向框梁上喷洒稀薄糖水，促蜂飞翔排泄。

小资料：促蜂排泄时间，在河南宜选在立春节气前后，即离早期蜜源开花前半个月左右，对患下痢病的蜂群应提前到20天。早春在第一次排泄时要用√形钩从巢门掏出死蜂，连续排泄2次。

119. 如何确定春季繁殖时间？

蜂群完成排泄、转场或出室工作后，即可开始繁殖和进行具体工作，关王的蜂群要及时放王。一般繁殖时间，南方或向南方转地蜂场在1月中旬、定地蜂场2月上旬开始；东北在3月中旬。计划在第一

个主要蜜源开花前分蜂的场早一些，不分蜂的场晚一些；在河南，蜂群春季繁殖的时间宜在雨水前后。

蜂群繁殖时间，还须根据天气确定，天气好可早点，天气差宜晚些。

120. 早春须防治哪些病虫害？

早春须防治大蜂螨、白垩病、孢子虫、麻痹病和爬蜂病等，还要预防蜜蜂营养不良。

防治大蜂螨在繁殖开始后10天内进行，选晴暖天气的午后，利用水剂喷雾，连续两次；或用“两罐雾化器”向箱内空处喷雾，使用时，将药液（1份杀螨剂＋6份煤油）加热雾化，对准箱内空间喷3下，关闭巢门10分钟。如果蜂群内已有封盖子须用螨扑防治。

使用外来花粉的须彻底消毒预防白垩病。加强早春管理预防其他疾病。

防治大蜂螨是针对上一年秋末未能彻底防治的蜂群进行补治，治螨当天温度应在15℃以上、无风。在治螨前1天用糖水1千克喂蜂，或用500克糖水连喂2～3次，防治效果更好。

121. 早春繁殖如何控制温度？

根据蜂群情况、蜜源和管理措施，繁殖期间巢脾与蜂的关系，可以蜂少于脾、蜂脾相称、蜂多于脾，这些与此后的温度、饲料等管理措施相互适应。

外保温是对所有上述蜂脾关系下进行早春繁殖的蜂群，采取人工保暖帮助蜂群御寒。即在蜂箱箱底、左右两侧用稻草或其他秸秆包裹，覆布上盖草帘。内保温方法是在箱内隔板外空隙处，用草把或报纸包裹秸秆填实，随着蜂巢的扩大再逐渐拆除。除单脾、蜂稀少的蜂群外，蜂多于脾或蜂脾相称关系下早春繁殖的蜂群，都不能实施内保温工作。

对于弱小蜂群，可采取双群同箱饲养，分别巢门出入，达到相互取暖的目的。

巢门向南的蜂群，刮东北季风开右巢门，刮西风开左巢门，不能顶风开巢门。

蜂群任何时候都需要充足新鲜的空气。除单脾、蜂稀（少）和中蜂蜂群将覆布和草帘于蜂巢上部盖严外，其他均须靠巢脾一侧折叠覆布一角透气，蜂群大折角大，使巢门和折角形成一个上下空气流通的进出口。另外，要根据天气和管理措施，通过折角大小调节蜂箱内温度。

小资料：近年来，群众使用隔光、保温的罩衣覆盖蜂箱效果良好。罩衣由表层的银铂反光膜、红色冰丝、炭黑塑料蔽光层和红塑料透明层组成，层层透气、遮挡阳光，并可在上洒水。具有蔽光、保温和透气等功能，适于保持温度和黑暗，防止蜜蜂空飞，避免蜜蜂农药中毒等。早春利用罩衣保温，可以白天揭开、晚上覆盖。

保温越好，繁殖越快，往往因幼虫期间食物（蜂乳）不足，蜜蜂体质较差、易发病。

122. 早春繁殖如何安置蜂巢？

在早春 1 只越冬蜂分泌的蜂王浆仅能养活 1 条小幼虫（蜜蜂），即 3 脾蜂养活 1 脾子，按蜂数或管理措施放脾，控制繁殖速度。

蜂多于脾繁殖，视蜂群的大小，留脾 2～3 张，蜂脾比约 2∶1。即在任何天气情况下，都以蜂包住脾、在隔板外和副盖下有蜜蜂聚集为准，蜂路 1.2～1.5 厘米。蜂少于脾或蜂脾相称繁殖，蜂路 1 厘米。

所留或换入的繁殖巢脾一律要求为大糖脾，即糖占脾面积 3/4，1/4面积留作蜂王产卵。单脾且蜂少于脾者糖占脾面须在 4/5 以上。

选留巢脾应结合早春检查、换箱进行。

123. 早春单脾繁殖如何管理蜂群？

早春单脾繁殖，3 脾蜂的群势，第一张脾，糖足，6 天后由蜂王产满卵，于第 7 天加脾喂蜂，喂稀糖水；如果蜂群有 2.5 脾蜂，第 8

天加脾，10天以后再加脾喂稀糖水；第3张脾于新蜂出房10天左右、根据天气好坏添加。坚持双王同群饲养，不到4个糖脾不打蜜。以后按照正常管理，9月利用大群采菊花。

单脾开始繁殖，特别要防止食物短缺，注意饲喂，防止饥饿。开始向蜂巢加育过几代子的黄褐色优质巢脾，外界有蜜粉源时加新脾，大量进粉时加巢础框造脾。

小资料：按照上述方法，河南省灵宝市平箱群8脾蜂秋繁产7个子，越冬5脾蜂，春天3脾蜂，2月20日前后繁殖。箱内糖多喂稀糖，促进产卵，巢门喂水。4月20日上继箱，5月采刺槐蜜。如果早春1脾蜂繁殖，只能赶枣花（花期6月份），2脾蜂繁殖可以采刺槐（花期5月上旬），3脾以上群势能够生产苹果（花期4月中下旬）蜂蜜。

124. 早春蜂多于脾如何管理蜂群？

在湖北、河南、四川放蜂，场地要求向阳、通风、干燥；蜂箱前低后高左右平衡。

（1）繁殖时间　要求白天气温稳定在8℃（蜜蜂飞翔）及以上，一般在1月下旬至2月雨水节气时，根据蜜源（地区）状况，视天气好坏提前或延后。

（2）蜂脾比例　视蜂群大小，留脾2～3张，蜂脾比约2∶1，无论在何种天气情况下，都以蜂包住脾、在隔板外和副盖下有蜜蜂聚集为准，蜂路控制在1.2～1.5厘米。

（3）通风与保温　巢门宽扁，将覆布折叠一角与巢门结合保证空气流通；用稻草将箱底、箱侧围住，副盖上盖1层覆布、1个草衫作为保温措施。以糖足蜂多保证幼虫蜂乳供给和的需要的生长发育温度。

（4）饲喂花粉时间　从蜂王产卵开始进行，到外界花粉充足为止。所喂花粉以上年9月及以后生产或冷库保存的花粉为宜。坚持箱中喂水。

（5）奖励喂糖时间　根据管理措施和蜂群食物多少，在繁殖开始1周后或在新蜂出房1周后进行，糖水比例1∶0.7。

(6) 扩巢方法 加脾在原繁殖脾新蜂羽化出房7天左右（即开始繁殖30天），根据蜂数添加第一张脾（如有寒潮延迟加脾），并在这张脾封盖子达到2/3后加第二张脾，直到油菜开花泌蜜后再扩大蜂巢；添加继箱在油菜开花泌蜜1周后进行，此时巢箱有4～5张脾，继箱一次加4张空脾；油菜泌蜜盛期，副盖中间横梁有赘脾、蜂稠，即可生产蜂蜜，在继箱加1张脾供贮蜜，1周后在巢箱加巢础1张，直到油菜花期结束，上下箱体各保持5～6张脾；油菜花期结束转移蜂场时视情况往继箱加1张巢脾、巢箱加1张巢础，之后在蜜蜂活动季节保持上6脾、下6脾，用巢础框更换巢箱巢脾，一般不上下调脾（以蜂蜜生产为主的蜂群）。油菜花后期停止蜂蜜生产，保留一箱蜂蜜，在刺槐开花时再一次摇出。

根据上述管理，越冬蜜蜂能够参加采集油菜花蜜，提高产量。

125. 早春蜂脾相称如何管理蜂群？

早春蜂脾相称繁殖，要求蜂群食物充足，不必进行保温，饲喂花粉和水，不喂糖水，不加巢脾，待主要蜜源花开时上继箱投入生产。

126. 什么时间开始加脾、加础好？

按蜂加脾，原则是开始繁殖时蜂多于脾，繁殖中期蜂脾相称，繁殖盛期蜂略少于脾，生产开始时蜂脾相称。前期加脾要稳，新老蜜蜂交替时期要压，发展期要快，群势达到8框足蜂时即可撤保温物上继箱。按照单脾、蜂多于脾、蜂脾相称和单脾蜂稀的各种繁殖方法，安排加脾时间。此外，还要注意以下几点。

繁殖扩巢，早春寒潮时间不加脾、蜂稀不加脾、子脾不成不加脾。单脾蜂稀，只能等到蜂数足1.5脾以上并天气良好才可加脾。蜂脾相称或满箱脾繁殖，只等花开生产时添加继箱扩巢。早期、阴雨连绵或饲料不足时加蜜粉脾，蜜多加空脾。

控制繁殖速度，第一批子一定要慢，确保一蜂一子繁殖，采取蜂密集、大糖脾、降温度等措施进行控制。

早春所加巢脾，不得将蜜盖割开。

127. 春季何时培养蜂王？

管理蜂群有一半工作是管理蜂王。防止分蜂、维持强群、预防遗传性疾病，都与蜂王年轻与否、遗传特性、交配授精多少等有关，如果措施得当，可以减少许多劳动，节省大量时间，还可提高产量。在养蜂生产中，提早育王，长期坚持选育，是解决上述问题、提高生产效率的方法。

每年定时在第一个主要蜜源花期（如油菜、泡桐）培养蜂王，刺槐开花前更新蜂王，刺槐花期开始蜂王产卵，不但可以提高产量，之后面进入生产期基本不用考虑自然分蜂等问题，仅需根据箱外观察和产量判断蜂王质量并确定是否需要更换蜂王。春季培养蜂王，要求满足在每群蜂上下箱体安装王台，保证新王成功率为现有蜂群数的125%，及时淘汰个体小、产量低、抗病差的蜂王。工作流程包括准备雄蜂→选择母群→移虫→哺育王台→组织交配→导入王台→蜂王交配→蜂王产卵→导入生产蜂群。

小资料：60 群以上的蜂场，种王以自选为宜，也可引进良种杂交，可迅速提高产量。

128. 如何安排春季生产？

春季当蜂群发展到 5～6 框蜂时即可生产花粉，预防粉压子圈；结合扩巢加础造脾；蜂群发展到 8 框以上，可开始生产王浆，在植物大流蜜时停止脱粉，开始生产蜂蜜，直到全年蜜源结束为止。养蜂生产，在河南一般从 4 月初开始，长江流域及以南地区 3 月开始，东北椴树蜜生产在 7 月进行。

如果春季蜂群发展不平衡，群势大小不一，而且距离生产还有一段时间，要根据蜜源情况，及时将强群中有新蜂出房的老子脾带蜂补给弱群，将弱群中的卵虫脾调给强群，以达到预防自然分蜂、共同发展的目的。调子调蜂以不影响蜂群发展、不传播疾病和蜂能护子为原则。

小资料：根据气候和蜜源特点，养蜂生产时间南长北短，北方蜂群早春到南方繁殖，再从南方一路向北赶花期，可以增加生产时间，提高效益。我国转地放蜂生产，是既弥补一地蜜源不足，又延长生产的具体表现。

129. 春季繁殖如何喂蜂？

小幼虫的食物是工蜂所分泌的乳浆，因此，控制蜂群繁殖，采取1只蜜蜂养1条小幼虫的措施，可以保证蜂乳的供应。工蜂泌乳所需要的营养和大幼虫的食物，则从花粉和蜂蜜中来，因此，蜂群饲料充足时要奖励饲喂，饲料不足时先补充饲喂后奖励饲喂。

如果饲料充足，每天或隔天喂1∶0.7的糖水250克左右，以够吃不产生蜜压卵圈为宜；采取箱内塑料盒饲喂，一端喂糖浆，一端喂水。用灌糖脾喂蜂的量不宜过大，防止引起蜂巢温度急剧下降和蜜蜂死亡。有寒流时多喂浓一点的糖浆或加糖脾，以防拖虫。禁用劣质、掺假或污染的饲料喂蜂。不喂铁锈桶盛装的蜂蜜，否则蜜蜂会爬出箱外，若处置失当，将会全场覆没。另外，在蜂数不足的情况下繁殖，所留巢脾糖饲料必须充足，不得喂糖。

喂粉从蜜源植物散粉前20天开始，早春宜喂花粉脾，每脾贮存花粉300～350克，到主要蜜源植物开花并有足够的新鲜花粉进箱时为止。喂花粉的方法主要有花粉脾、花粉饼等。

小资料：茶花粉新鲜，虞美人花粉可促进繁殖，喂粉必须到蜂群可采集到足够的新鲜花粉时停止。

早春繁殖给蜂群喂糖的开始时间以新蜂出房时为宜，新蜂出房前消耗原有糖饲料。

130. 长期寒潮如何管理蜂群？

长期低温寒流超过7天即是灾害天气，灾害天气条件下蜂群繁殖应采取如下措施。

(1) 疏导 适时掌握天气情况，利用有限的好天气条件（10℃以上），饲喂稀薄糖水促蜂排泄。

(2) 控制繁殖——降温 撤去保温包装物，折叠覆布，增加通风面积，降低巢温使蜜蜂安静。如果箱内有水，蜜蜂还要飞出蜂箱，则开大巢门，继续降低巢温，直到蜜蜂不再活动为止。

(3) 控制饲料 如果蜂群中糖饲料充足，就不喂蜂。如果缺糖，饲喂贮备的糖脾。如果没有糖脾，可将蜂蜜对10%～20%的水并加热，然后用棉布包裹置于框梁喂蜂。如果既没有糖脾也没有蜂蜜，可喂浓糖浆，糖水比为1∶0.5～0.7，加热使糖粒完全熔化，再降温至40℃左右灌脾喂蜂。喂糖浆时，可在糖浆中加入0.1%～0.2%的蔗糖酶或0.1%的酒石酸（或柠檬酸），防止糖浆在蜂房中结晶。

蜂巢中若有较充足的花粉，采取既不抽出也不饲喂的措施；如果蜂群缺粉要喂花粉饼，至蜜蜂停止取食时停喂。

保持蜂群饮水充足。

小资料：喂糖注意一次喂够，不得连续饲喂、多喂，以够维持生命为限；喂蜂时，不得引起蜜蜂飞翔。

131. 短期寒流如何管理蜂群？

早春繁殖时期，连续低温如果不超过4天，就多喂浓糖浆；如果在4～7天之间，就不喂蜂。其他管理措施如130。

低温天气是指蜜蜂不能正常飞行的天气条件，7天以内可视为短期寒流，超过7天即为长期寒流。

132. 长、短日照注意哪些问题？

南方春季日照长，若外界长期无粉可采，天气干旱，应对蜂群进行遮盖，减少蜜蜂飞翔，并注意箱内喂水。

北方春、秋日照短，蜂群繁殖应注意保证食物充足，保持饮水，根据情况加强饲喂。

133. 夏季如何选择放蜂场地？

夏季放蜂场地应干燥、通风、遮阳，避开风口、水口、低洼地方。蜂场不宜太挤，蜜源要丰富。对不施农药、没有蜜露蜜的蜜源可选在蜜源的中心地带，季风的下风向，如刺槐、荆条、椴树、芝麻等。林区场地蜂路须开阔，荆条花期宜选林少的山地放蜂，一般海拔高度不宜超过900米。对缺粉的主要蜜源花期，场地周围应有辅助粉源植物开花，如枣花场地附近有瓜花。抗虫棉泌蜜减少，施用药物和激素（如赤霉素）的蜜源对蜜蜂采蜜和繁殖都有影响。

河床、河滩和水泥沥青地面不得放置蜂群，不在蜂群过于密集的地方放蜂，夜晚没有灯光照明、不卫生、敌害严重、治安不好、人畜密集的地方不得放置蜂群。

夏季虽然炎热，但放置蜂群也要保证白天有几个小时阳光照射，终日在阴影下对蜂群和生产都不利。

134. 夏季怎样保持蜂群群势？

长江以北地区，蜂群经过繁殖达到4万只蜂，枣树、芝麻、荆条、椴树、棉花、草木樨、酸枣、向日葵等开花流蜜，这一阶段新蜂不断更换老蜂，并达到一个动态平衡，这一时期蜂群管理的任务就是维持群势和促进蜜蜂积极工作。蜂群管理措施主要有：选择蜜源丰富的地方放蜂，预防水淹，遮阳但不过阴，保持正常通风；生产蜂蜜须留蜜脾，后期贮藏饲料，常年保持蜂群食物充足；6月荆条花期育王，更新老劣蜂王；刺槐花期后补治大蜂螨，6月上旬防治小蜂螨，预防农药中毒；蜂脾比例保持蜂略多于脾，巢箱6脾（生产蜂蜜蜂场）或双王8脾（产浆蜂场），适当放宽蜂路；蜜源丰富适当造脾，蜜源缺少抽出新脾；做好蜂群遮阳防暑、降温增湿工作，加宽巢门，盖好覆布，无树林遮阳的蜂场，可用黑色遮阳网或将秸秆树枝置于蜂箱上方，阻挡阳光照射；依群势进行繁殖，蜜源丰富适当加础造脾，蜜源缺少抽出新脾。如果遭遇花期干旱等造成流蜜不畅，蜂群繁殖区

要少放巢脾，蜂数要足，及时补充饲料。新脾抽出或靠边放。

长江以南地区，夏季气温高、持续时间长，多数地区蜜粉源稀少，蜂群繁殖差甚至中断繁殖。这些地区夏季繁殖以更新蜜蜂越过夏季为目的。也有部分地区，蜜源丰富，可繁殖兼顾生产。无论更新蜜蜂、断子或繁殖生产，对蜂群都要遮阳、喂水，保持食物充足，清除胡蜂，防止盗蜂、中毒，合并弱群，防治蜂螨。

135. 养蜂生产中应注意哪些问题？

养蜂生产受天气、蜜源、蜂群和人为活动的影响，根据天气好坏避害趋利，选择蜜源，避免人为因素的影响，才能控制好蜂群。育好王，多繁蜂，用好蜂，维持强群，保持蜜蜂的工作积极性，才能增加蜜、浆、蜡等的产量。

（1）维持强群 强群是高产的基础，强群比弱群产量高30%～50%。生产蜂蜜，西方多箱体每群20框蜂、国内双继箱体每群12～15框蜂为强群；生产蜂花粉，单王每群8～9框蜂、双王每群12框蜂为标准。

（2）蜂龄适中 工蜂21～28日龄采集力最强，青壮年蜂多且与花期吻合，是获得高产的必要条件之一。因此，主要蜜源植物开花泌蜜开始前45天到结束前30天之间，要培育适龄采集工蜂。

（3）调动子脾，增加生产群数 距离蜜源开花泌蜜20天，将强群封盖子脾适当调到近满箱的蜂群；距离开花泌蜜10天左右，将弱群正在羽化的子脾调到近满箱的蜂群。调入子脾的蜂群在植物开花时加上继箱；被调出子脾的弱群组成双群同箱繁殖，若流蜜期不超过30天，则每个弱群留下3框蜂和1个小子脾即可；若流蜜期超过30天或有连续蜜源，则小群应保留5框蜂，为以后的生产贮备力量。

调脾数量以扩大生产、预防分蜂和正常繁殖为原则。

（4）控制虫口 刺槐、椴树花期，以产蜜为主的蜂场，在开花前10天控制蜂王；或结合养王断子，在开花前12天给每个蜂群介绍1个成熟王台，在开花时（新）蜂王产卵，提高蜂蜜产量。

若蜜源花期长于 25 天或两个蜜源花期衔接，则应（在该花期）前期生产、繁殖并重，在开花后期或后一个蜜源采取限王产卵，或结合养王换王的措施限王产卵，以提高产量。

(5) 适时饲喂 对缺粉的枣花场地，需要及时给蜂群补充花粉。没有洁净水源的场地，还须喂水，提倡箱内喂水。根据蜂数和蜜源组织生产蜂王浆，在粉足、蜜少时奖励饲喂糖浆。

(6) 积极生产 生产蜂蜜时，前期狠取、中期稳取、后期贮存饲料。强群取蜜、弱群繁殖，新王群取蜜、老王群繁殖，单王群生产、双王群繁殖，繁殖群出房子脾调给生产群，适当控制生产蜂群卵虫数量，以此解决生产与繁殖的矛盾。

(7) 预防农药中毒 无论在何地放蜂，都要时刻注意防止农药、激素、抗生素、除草剂的毒害。

如遇群众打药，可用遮光罩衣覆盖蜂群，根据具体情况，决定关蜂和放蜂时间、排泄时间、是否洒水等。在 32℃以上高温期，罩蜂超过 6 小时的，须加强通风。

(8) 开门运蜂 繁殖期汽车运输蜂群时，大开巢门，丢掉一些老蜂，避免伤子、预防爬蜂。实施此项措施要求蜂群强壮、食物充足、装车喂水。详见转地放蜂。

136. 如何安排好生产和繁殖?

以生产蜂蜜为主的蜂场，蜜源流蜜好以生产为主，兼顾繁殖。蜜源流蜜差（如遇到花期干旱等），蜂群繁殖区脾要少、蜂要多、饲料足，新脾撤出或靠边搁置，适当安排分蜂。此时脱粉，须进行奖励饲喂。植物流蜜结束或因气候等原因流蜜突然中止，应及时调整群势，抽出空脾，使蜂略多于脾，防治蜂螨，补喂缺蜜蜂群，根据下一个场地的具体情况繁殖蜂群。在干旱地区繁殖蜂群时要缩小繁殖区。

以生产蜂王浆为主的蜂场，应生产、繁殖两不误。

以生产蜂花粉为主的蜂场，应促进蜂群繁殖。

转地放蜂，则需要边生产、边繁殖。

137. 蜂群如何安全越夏?

每年 7～9 月，在我国广东、浙江、江西、福建和海南等省，天气长期高温，蜜粉源枯竭，敌害猖獗，蜜蜂活动减少，蜂王产卵量下降甚至停产，群势逐日下降，即为蜂群越夏期。

(1) 越夏前的工作

①更换老劣王，培育越夏蜂。此前 1 个月，养好 1 批王，产卵 10 天后诱入蜂群，培育 1 批健康的越夏蜜蜂。

②充足的饲料。进入越夏前，留足饲料脾，每框蜂需要 2.5 千克糖浆，不够的补喂。

③调整蜂群势。越夏蜂群中蜂 3 框以上、意蜂 5 框以上，不足的调用强群子脾补够，弱群予以合并。提出多余巢脾，达到蜂脾相称。

④防病、治螨。在早春繁殖初期防治蜂螨，在越夏前利用换王断子的机会再进行防治。

(2) 越夏期的管理

①选择场地。选择有芝麻、乌桕、玉米、窿椽桉等蜜粉源较充足的地方放蜂，尽量避免越夏不利因素；或选择海滨、山林和深山区度夏，场地应空气流通、水源充足。

②放好蜂群。把蜂群摆放在排水良好和阴凉的树下，蜂箱不得放在阳光直射下的水泥、沙石和砖面上。

③通风遮阳。适当扩大巢门宽度和蜂路，掀起覆布一角，但勿打开蜂箱的通气纱窗。

④增湿降温。在蜂箱四周洒水降温，空气干燥时副盖上可放湿草帘，坚持喂水。

⑤控制繁殖。在越夏期较短的地区，可关王断子，有蜜源出现后奖励饲养进行繁殖；在越夏期较长的地区，适当限制蜂王产卵量，但要保持巢内有 1～2 张子脾，2 张蜜脾和 1 张花粉脾，饲料不足须补充。

⑥适当生产。在有辅助蜜源的放蜂场地，无明显的越夏期，应奖励饲喂，以繁殖为主，兼顾王浆生产。繁殖区不宜放过多的巢脾，蜂

数要充足。生产蜂群使用新王，用隔王板将蜂王限制在固定的区域内（如巢箱）产卵，尽量缩短生产操作时间。

（3）越夏后的繁殖 炎热天气过后，外界蜜源植物开花，蜂王产卵，蜂群开始秋繁，这一时间的管理是做好抽脾缩巢、恢复蜂路、喂糖补粉、防止飞逃等工作，为生产冬蜜做准备。

蜂群越夏九防措施包括防盗蜂（减少开箱次数，开箱检查在每天的早晚进行，巢门高度以 7 毫米为宜，宽度按每框蜂 15 毫米累计），防烟熏和震动，遏制胡蜂，早晚捕捉青蛙和蟾蜍，制止蚂蚁攻入蜂箱，预防滋生巢虫，防止暴发蜂螨，预防农药中毒，预防水淹蜂箱。

138. 夏季防治哪些病虫？

（1）小蜂螨 在 6 月防治。

（2）欧洲美洲幼虫腐臭病 把感病群搬走，原位放置健康巢脾和无菌蜂箱，再将原病蜂王捉住放入，将原病群蜜蜂轻轻抖落于巢门前，要求脾少、蜂多，最后用抗生素喂蜂或喷脾治疗。

（3）白垩病 要求通风透气，巢门开大一点，覆布折叠一角，蜂箱前低后高，经常打扫蜂场，保证食物充足，减少开箱次数。

（4）爬蜂病 蜂群保持蜂脾相称或蜂略多于脾，做好遮阳工作，保证食物充足优质，防止污染，开门运输蜂群时防止热蜂。

139. 夏季如何遮阳降温？

场地要通风，长有稀疏树林遮阳；蜂箱上方搭遮阳网棚或用带叶树枝、秸秆覆盖蜂箱，阻挡阳光直射（图 64）。每天坚持清扫洒水，坚持箱内或场地喂水。

图 64　覆盖秸秆遮阳

夏季蜂群终日不见阳光易患疾病。因此，每天应有几个小时光照蜂箱。

140. 夏季水淹蜂箱怎样处理？

如遇洪水、大雨造成较深积水等，及时将蜂群暂时搬迁到安全地方。先将各群的位置绘图做好标记，再把蜂群搬离原地，集中一处，待洪水退后，及时有序地把蜂箱放好。在搬离期间，不关巢门，打开通风窗，并在白天不断地向巢门洒水，减少蜜蜂骚动和飞出；也可使用遮光罩衣完成这项工作。

如遇洪水冲击，首先人畜撤离，等待时机再挽救蜂群。

141. 炎热天气需要大开通气孔吗？

纱窗副盖、前后通气纱窗、大盖通风窗口等，都是大通气孔。在炎热的夏季，一般这些大通气孔。不需要打开（除非运输），折叠覆布一角，配合大开巢门即可，蜂群可自行调节巢温。

如果打开大通气孔，蜂群将有排不完的热气。

142. 什么是分蜂热？

蜂群在酝酿自然分蜂的过程中，工蜂怠工，蜂王产卵减少，这个现象就是分蜂热。分蜂会削弱群势，从而影响生产，分出的蜜蜂有时还会丢失，因此在饲养管理中，要尽量避免自然分蜂的发生。

每年春末中蜂有 4～5 框子脾、意蜂有 7～8 框子脾时就会发生分蜂。

143. 如何预防分蜂？

防止分蜂的积极措施有：

(1) 更新养王　早春育王，更新老王，可基本保证当年蜂群不再发生分蜂；平常蜂场保持 3～5 个养王群，及时更换劣质蜂王；在炎热的地区，采取一年换王两次的措施，有助于维持强群，提高产量。

(2) 积极生产 及时取出成熟蜂蜜，进行王浆、花粉生产和造脾。

(3) 控制群势 在蜂群发展阶段，抽调大群的封盖子脾补助弱群，将弱群的小子脾调给强群。

(4) 扩巢遮阳 随着蜂群长大，适时加脾、叠加继箱和扩大巢门，有些地区或季节蜂箱巢门可朝北开，将蜂群置于通风的树影下，供水降温，给蜂群创造一个舒适的生活环境。

小资料：强、弱群调换大、小子脾，要以不影响蜂群在主要蜜源期生产为原则。

144. 怎样制止分蜂？

(1) 更换蜂王 蜂群在蜜源流蜜期发生分蜂热时，当即去王和清除所有封盖王台，保留未封盖王台，在第7～9天检查蜂群，选留1个成熟王台或诱入产卵新王，毁尽其余王台。

(2) 交换蜂王 在外勤蜂大量出巢之后，把有新蜂王的小群的蜂王先保护起来，再把该群与有分蜂热的蜂群互换箱位；第二天，检查蜂群，清除有分蜂热蜂群的王台，给新王小群调入适量空脾或分蜂热群内的封盖子脾，使之成为一个生产蜂群。

(3) 剪翅、除台 在自然分蜂季节里，定期对蜂群进行检查，清除分蜂王台，或将已发生分蜂热蜂群的蜂王剪去其右前翅的2/3（图65）。

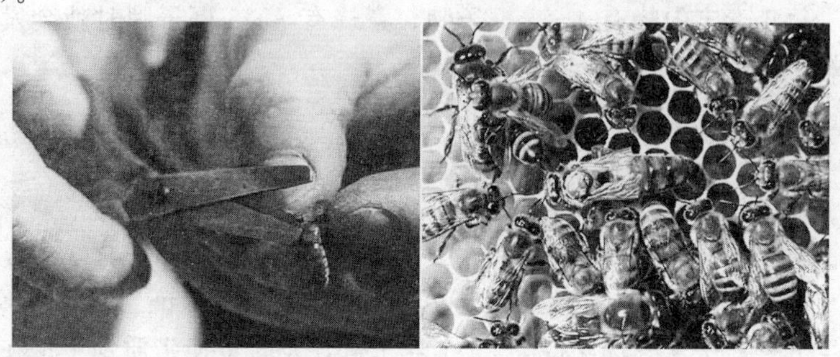

图65 蜂王剪翅（引自 www. beeman. se）

剪翅和清除王台只能暂时不使蜂群发生分蜂和不丢失，但不能解除分蜂热。

145. 怎样人工分蜂？

人工分蜂——生产蜂群，是根据蜜蜂的生物学习性，有计划、有目的地在适宜的时候增加蜂群数量，扩大生产，或避免自然分蜂。人工分蜂的方法主要有强群平分法、强群偏分法等。

（1）强群平分法 将原群蜜蜂蜂箱向后移1米，取两个形状和颜色一样的蜂箱，放置在原群蜂箱巢门的左右，两箱之间留0.3米的空隙，两箱的高低和巢门方向与原群相同，然后把原群内的蜂、卵、虫、蛹和蜜粉脾分为相同的两份，分别放入两箱内，一群用原来的蜂王，另一群在24小时后诱入产卵蜂王。分蜂后，外勤蜂飞回找不到原箱时，会分别投入两箱内；如果蜜蜂有偏集现象，可将蜂多的一群移远点，或将蜂少的一群向中间移近一点。

强群平分，能使两群都有各龄蜜蜂，各项工作能够正常进行，蜂群繁殖也较快。适宜在距主要蜜源开花50天左右时进行。

（2）强群偏分法 从强群中抽出带蜂和子的巢脾3～4张组成小群，如果不带王，则介绍一个成熟王台，成为一个交尾群。如果小群带老王，则给原群介绍一只产卵新王或成熟王台。

分出群与原群组成主、副群饲养，通过子、蜂的调整，进行群势的转换，以达到预防自然分蜂和提高生产的目的。

（3）多群分一群 选择晴朗天气，在蜜蜂出巢采集高峰时，分别从超过10框蜂和7框子脾的蜂群中，各抽出1～2张带幼蜂的子脾，合并到1只空箱中。次日将巢脾并拢，调整蜂路，介绍蜂王，即成为一个新蜂群。

这个方法多用于大流蜜期较近时分蜂。因为是从若干个强群中提出蜂、子组织新分群，故不影响原群的繁殖，并有助于预防分蜂热的发生；在主要流蜜期到来时新分群还能壮大起来，达到促进繁殖和增收的目的。

（4）双王群分蜂 在距主要蜜源开花期较近时，按偏分法进行，仅提出两脾带蜂带王、有一定饲料的子脾作为新分群，原箱不动变成一个单王蜂蜜生产群。在距主要蜜源开花期 50 天左右，可采取平分法。

以分蜂扩大规模的蜂场，当年采取早养王、早分蜂措施，效果更好。

146. 如何管理新分蜂群

新分群以幼蜂为主，第二天介绍产卵蜂王或成熟王台。处女王在新分群位置要明显，新王产卵后须有 3 框足蜂的群势，保持蜂脾相称或蜂略多于脾。将蜂少的新分群卵脾提到大群哺育，随着群势的发展，适时加础造脾。饲料须充足，不够要补喂。防治蜂螨，预防盗蜂。

147. 北方蜂群如何繁殖越冬蜜蜂?

北方养蜂，每年最后一个蜜源开花中期（8 月）以繁殖适龄越冬蜂为主，部分山区兼顾培育野菊花蜜源采集蜂。此时蜜源主要有葎草、冬瓜、栾树、（半个）荆芥、茵陈、菊花、辣椒等。

繁殖越冬蜂时间各地不一，同一地区平原较早、山区稍晚。以河南为例，繁殖越冬蜂时间从 8 月下旬开始，平原地区 9 月 20 日前后结束，山区稍晚。

繁殖越冬蜂主要工作：

①调整蜂巢，一般继箱蜂群上 5 脾下 5～6 脾，单箱蜂群 8 脾。

②防治蜂螨，结合 7 月或 8 月育王断子治螨，或挂螨扑防治。

③备好饲料，包括蜜蜂冬季和春季繁殖期食用的饲料。

④奖励饲喂，每天喂蜂多于消耗，喂到 9 月底结束（子脾全部封盖），同时注意防止蜜压卵圈或粉压卵圈。

⑤适时关王，越冬蜂繁殖约 20 天后，及时用王笼将蜂王关闭起来，吊于蜂巢前部，或使用节育套控制蜂王产卵，淘汰老劣蜂王。

⑥冬前治螨。

⑦减少空飞，喂足越冬饲料后，如果条件允许，及时把蜂群搬到

阴凉处，巢门转向北方，折叠覆布，放宽蜂路，减少蜜蜂活动。或者将秸秆盖在蜂箱上，对蜂群进行遮阳避光。

养蜂场地要避风防潮，注意防火。

148. 南方蜂群如何繁殖越冬蜜蜂？

南方蜂群越夏以后，即进入秋季繁殖时期，一方面繁殖秋季和冬季蜜源采集蜂，另一方面兼顾培育适龄越冬蜂，其工作主要有抽脾缩巢、防治蜂螨、奖励饲喂等，具体参考春季繁殖进行。

149. 怎样储备蜂群越冬饲料？

继箱繁殖，8 月底喂至七八成，奖励饲喂结束时喂足；单箱繁殖，在子脾将出尽时喂足，或新蜂全部羽化时换入饲料脾。

实践证明，1 脾越冬蜂平均需要糖饲料，在东北和西北地区 2.5～3.5 千克，华北地区 2～3 千克，转地蜂场或南方蜂场 1～1.5 千克，同时须贮存一些蜜脾，以备急用。

越冬小糖脾是在喂越冬饲料时缩小蜂路，使整个蜜脾封盖。

150. 秋末冬初怎样防治病虫？

秋末冬初为害蜂群的潜在敌害是大蜂螨，彻底防治大蜂螨，是蜂群安全越冬的一个必要条件。防治大蜂螨的时间选在工蜂全部羽化出房后、白天气温 20℃以上时进行，使用水剂喷雾防治，间隔 2 天，连续 2 次。

秋末断子防治蜂螨效果好、较省工。

151. 秋末蜜蜂采集甘露蜜怎么办？

某些年份，蜜蜂采集植物枝叶分泌的甜汁或蚜虫、芥壳虫等流出的甜液（图 66），酿造成甘露蜜。一般甘露蜂蜜灰分含量较高，蜜蜂难以消化利用，是造成蜜蜂腹部膨胀、拉稀、爬蜂的原因之一。因此，甘露蜜不能作为蜜蜂越冬饲料。平时，蜜蜂采集蜜露或甘露后，须将甘露蜂蜜取出，更新饲料。

图 66 蜜 露

秋末，越冬饲料饲喂完毕，蜜蜂再采集甘露蜜，要多喂糖浆，使蜜蜂在越冬期间吃不到甘露蜜，并提前到南方繁殖。

小资料：2012 年，河南驻马店蜜蜂采集玉米叶上的蜜露，蜂蜜铁红色，甜味差。当年采取多喂糖浆、翌年提早到南方繁殖，有效避免了甘露蜜的危害。

152. 如何做到蜂蜜高产优质和蜂群健康？

采取保持食物充足优质、年年更新蜂王、依蜂依势繁殖、积极造脾、控制蜂螨为害、开门运蜂等措施，可饲养出健康蜜蜂蜂群。

优选放蜂路线、避免环境和人为毒害、蜜源充足和场地蜂群不太拥挤，即可获得好的产量和产品。

153. 怎样做好南方秋、冬生产蜂群管理？

长江以南各省、自治区，冬季温暖并有蜜源植物开花，是生产冬蜜的时期，只在 1 月份蜂群才有短暂的越冬时间。南方秋冬蜜源主要有茶树、柃、野坝子、枇杷、鹅掌柴（鸭脚木）等，可生产商品蜜和花粉，促进繁殖；在河南豫西南山区，10～11 月能够生产菊花蜂蜜。南方秋冬蜜源花期，气温较低，昼夜温差较大，时有寒流，有时阴雨连绵，要特别注意蜂群的管理。

蜂群管理主要措施：

①选择背风向阳干燥的地方放置蜂群，避开风口。

②淘汰老劣蜂王，合并弱群，适当密集群势。采取强群生产、强

群繁殖，生产与繁殖并重的措施。流蜜前期，选择晴天中午取成熟蜜，流蜜中后期，抽取蜜脾，保证蜂群越冬及春季繁殖所需饲料。在茶树花期，喂糖水，脱花粉、取王浆。

③对弱群进行保温处置，在恶劣天气要适当喂糖喂粉，促进繁殖，壮大群势，积极防治病、虫和毒害，为越冬做准备。

小资料：河南省南阳市采取当年强群10～11月采集野菊花蜂蜜，强群繁殖越冬蜂。平箱群，8脾蜂7脾子，越冬5脾蜂；翌年春天3脾蜂，2月20日前后繁殖，箱内蜜多喂稀糖，促进产卵，巢门喂水，4月20日上继箱，5月采刺槐。

154. 什么是蜂群越冬？

在冬季，蜜蜂停止巢外活动和巢内产卵育虫工作，结成蜂团，处于半蛰居状态，以适应寒冷漫长的气候状态。

我国北方蜂群越冬时间长达5～6个月，南方仅1月有短暂的越冬期，在海南、广东和广西无越冬期。

155. 蜂群安全越冬须具备哪些条件？

蜂群安全越冬须有充足优质的饲料、品质良好的蜂王、健康的工蜂和一定的群势，以及安静的环境。

156. 怎样选择越冬场所？

我国蜂群越冬场地有室外、室内两种。室外场地应背风、向阳、干燥和卫生，在一日之内须有足够的阳光照射蜂箱，场所要僻静，周围无震动、声响（如不停的机器轰鸣）。室内场所须房屋隔热、空气畅通，温、湿度稳定，黑暗、安静；室内越冬禁关巢门，以恒温室内越冬为佳，但要注意进行放蜂排泄。

室外越冬的优点是简便易行，投资较少，适合我国广大地区；缺点是越冬蜂群受外界天气的变化影响较大，蜜蜂损失多。室内越冬的优点是可人工调节环境，管理方便，节省饲料，群势变化不大，适合东北、西北等严寒地区，把蜂群放在室内或窑洞中越冬比较安全。在华北地区，蜂群在恒温室内越冬，可延长蜜蜂寿命减少死亡、节省饲料。

157. 如何布置越冬蜂巢?

越冬巢脾选黄褐色、越冬蜂脾关系要求弱群蜂脾相称或蜂略多于脾，强群蜂少于脾；脾间蜂路设置 15 毫米左右。群势要求北方蜂群 5 脾以上，长江中下游地区超过 2 框蜜蜂。根据以上要求，抽脾工作选在蜜蜂白天尚能活动、早晚处于结团状态时进行。

单群平箱越冬，蜂数多于 5 脾，脾向箱侧靠，中间放整蜜脾，两侧放半蜜脾；若均为整蜜脾，则应放大蜂路，靠边的糖脾要大。双群同箱越冬，蜂数不足 5 脾，把半蜜脾放在闸板两侧，大蜜脾放在半蜜脾外侧。双箱体越冬，上下箱体放置相等的脾数，例如，有 8 脾蜂的蜂群，上下箱体各放（保留）6 张脾，巢脾都向一侧放置或都摆放于中间，蜂脾相对，上箱体放整蜜脾，下箱体放半蜜脾。双王群双箱体越冬，继箱蜜脾都向中间靠拢。

158. 南方蜂群如何进行越冬?

自然情况下，南方蜂群没有明显的越冬期，人工饲养为了生产上的需要，蜂群被强制越冬，其管理要点是：

①关王、断子。蜂群越冬之前，把蜂王用竹王笼关起来，强迫蜂群断子 45 天。

②喂足糖饲料，抽出花粉脾。

③防治蜂螨。待蜂巢内无封盖子时治蜂螨，治螨前的 1 天给蜂群饲喂，提高防治效果。

④布置蜂巢，大糖脾在外，小糖脾在内。

⑤促使蜜蜂排泄。在晴天中午打开箱盖，让太阳晒暖蜂巢引导蜜蜂飞行排泄。

⑥越冬场所。在室外越冬的蜂群，选择阴凉通风、干燥卫生、周围2千米内无蜜粉源的场地摆放蜂群，并给蜂群喂水；有条件的蜂场，可用遮光保温棚布白天盖蜂，晚上掀开覆布降温（图67）。在室内越冬的蜂群，白天关闭门窗，晚上打开通风，保持室内黑暗和干燥。

图67　湖北示范蜂场蜂群越冬

小资料：南方蜂群越冬，掀开覆布，降低温度。

159. 北方室外越冬怎样保温？

（1）保温处置　蜂群正常摆放场地，在长江以北及黄河流域，冬季最低气温－20～－15℃的地方，可用干草、秸秆把蜂箱的两侧、后面和箱底包围、垫实，副盖上盖草帘。冬季最低气温在－15℃以上的地区，不对强群保温（群势须达到5脾足蜂）；弱群适当进行保温。

东北、西北高寒地区，冬季气温低于－20℃，蜂箱上下、前后和左右都要用枯草等包围覆盖，巢门用∩形桥孔与外界相连，并在御寒物左右和后面砌∩形围墙。

（2）堆垛保蜂　蜂箱集中一起成行堆垛，垛之间留通道，箱体背对背，巢门对通道，以利管理与通气。然后在箱垛上覆盖帐篷或保蜂罩：夜间温度－15～－5℃时，用帐篷盖住箱顶，掀起周围帆布；夜间温度－20～15℃时，放下周围帆布；夜间温度－20℃以下时，四周帆布应盖严，并用重物压牢。在背风处保持篷布能掀起和放下，以便管理，篷布内气温高于－5℃时要进行通风，“立春”后撤垛。

（3）开沟放蜂　在土壤干燥的地区，按20群一组挖东西方向的地沟，沟宽约80厘米、深约50厘米、长约10米，沟底铺一层塑料布，其上放草10厘米厚，把蜂箱紧靠北墙置于草上，用横杆支撑在地沟上，上覆草帘遮蔽。通过掀、放草帘，调节地沟的温度和湿度，使其保持在0℃左右，并维持沟内的黑暗环境。

无论怎样保温处置，蜂巢上下都需要空气流通，并有一定空间。

越冬期间，将覆布折叠一角留作通风，箱内空间大应缩小巢门，箱内空间小则放大巢门，保持蜂巢上下通气。

160. 北方室外越冬有哪些管理要点？

室外越冬蜂群要求蜂团紧而不散，不往外飞蜂，寒冷天气箱内有轻霜而不结冰。对有“热象——散团”的蜂群，开大巢门，必要时撤去上部保暖物，待降温后再逐渐覆盖保暖物。

①防老鼠。把巢门高度缩小至7毫米，使鼠不能进入。如巢前发现有腹无头的死蜂，应开箱捕捉老鼠，并结合药饵毒杀。

②防火灾。包围的保暖物和蜂箱、巢脾等都是易燃物，要预防火灾，越冬场所要远离人多的地方，做到人不离蜂。

③防闷热。室外越冬蜂群的御寒物包外不包内，保持巢门和上通气孔畅通。定期用√形钩勾出蜂尸和箱内其他杂物。大雪天气，及时清理积雪。堆垛和开沟放置蜂箱时，根据气温高低，通过掀、盖棚布和草帘调节棚内和沟中温度。

④防饥饿。

⑤蜂群无论在室外或在室内越冬，尽可能遮蔽光线，减少刺激，预防飞出的蜜蜂被冻死。

⑥防偷盗。

受饥饿的蜂群，尤其是饿昏被救活的蜂群，其蜜蜂寿命会大大缩短。蜂群越冬期间，不得反复开箱查看。

161. 北方室内越冬有哪些管理要点？

越冬室要求保暖好，温差小，防雨雪，温度、湿度、通风和光线能调，最好加装空调机或排风扇。

搬蜂入室时间以水面结冰、阴处冰不融化时为准，如东北地区11月上中旬、西北和华北地区11月底进入，在早春外界中午气温达到8℃以上时即可出室。蜂箱摆放在越冬室距墙20厘米处，搁在40～50厘米高的支架上，叠放继箱群2层或平箱3层，强群在上，

弱群在下，成行排列，排与排之间留 80 厘米通道，巢口朝通道以方便管理。利用空调机控制越冬室内温度在－2～4℃，相对湿度 75%～85%。

入室初期白天关闭门窗，夜晚敞开室门和风窗，以便室温趋于稳定。开大巢门、折叠覆布，立冬前后或 12 月中下旬，中午温度高时将蜂箱搬出室外让蜜蜂进行排泄，检查蜂群，抽出多余巢脾，留足糖脾。室内过干可洒水增湿，过湿则增加通风排除湿气，或在地面上撒草木灰吸湿，使室内湿度达到要求。

蜂群进入越冬室后要保持室内黑暗和安静，要经常扫除死蜂、脏物。

室内越冬的关键是严格控制越冬室内的温度、湿度和保持环境黑暗。

162. 如何处理有问题的越冬蜂？

越冬期间，个别蜂群严重下痢，可于 8℃以上无风晴天的中午在室外打开大盖、副盖，让蜜蜂排泄，或搬到 20℃以上的塑料大棚内放蜂飞翔。如在越冬前期，大批蜂群普遍下痢，并且日趋严重，最好的办法是及时运到南方繁殖。

蜂群缺少食物多发生在越冬后期，要及时补充蜜脾，方法是把贮备的蜜脾先在 35℃下预热 12 小时，将下方的蜜盖割开一小部分，喷少量温水，靠蜂团放置，将空脾和结晶蜜脾撤出。

蜂群散团的主要原因是箱内温度过高，或者蜂群频遭打扰所致。前者采取降温措施，后者避免人为干扰。

解救有问题的蜂群只能挽救部分损失，应做好前述的工作，预防问题的发生。

163. 如何管理转地越冬蜂群？

北方一些蜂场于 12 月至次年 1 月把蜂群运往南方繁殖。蜂群在越冬时，首先要把繁殖用饲料脾准备好，镶上框卡，钉上纱盖，在副盖上加盖覆布和草帘，蜂箱用秸秆覆盖，尽可能保持黑暗、空气流通、温度稳定，等待时日，随时启运。

164. 寒冷天气蜂群需要通气吗？

无论天热天冷、何时何地，西方蜂群都需要新鲜和充足的空气。因此，保持蜂巢上下空气流通非常必要。在生产管理上，根据季节、蜂群大小，通过巢门大小和折叠覆布一角来调节蜂巢中空气流通量。

西蜂蜂群在蜂巢空气不流通时易患白垩病。中蜂除运输外，其他时间可盖严覆布。

165. 什么是单王群？有何特点？

一群蜂中只有1只蜂王，即是单王蜂群，也是自然种群标准。

在生产上，单王蜂群的管理比较简单，适宜生产蜂蜜。

166. 什么是双王群？有何特点？

一群蜂中有2只蜂王，即是双王蜂群。这是在人为干预下采取隔离措施，使蜂王不碰面，一群工蜂同时侍候2只蜂王。

在生产上，双王蜂群的管理比较繁琐，要求蜂王同龄，适宜生产蜂王浆和蜂花粉，也能生产蜂蜜，繁殖相对较快。

167. 什么是多王群？有何特点？

一群蜂中有3只及以上的蜂王，多数为5～6只，即是多王蜂群。这是在人为干预下，采取剪掉上颚、螯刺端部等攻击器官的措施，使蜂王之间和平相处，同在一张巢脾上产卵，得到工蜂的共同服务。

目前，在生产管理上，多王群仅用于蜂王浆的生产，以在短时间内提供日龄一致的卵虫；今后，可望在蜂王浆机械化生产中发挥重要作用。

多王群在越冬或运输期间，个别蜂王会丢失。

168. 什么是单箱体养蜂?

图 68　东北黑蜂单箱体饲养
（朱志强 摄）

利用一个箱体饲养蜂群，管理简单，运输蜂群方便，适合蜂蜜、花粉生产（图 68）。例如，从前采用十六框箱或二十四框箱等进行的单箱体养蜂，现在单箱体养蜂多数利用十二框箱和十框箱。

169. 单箱体养蜂管理要点有哪些?

单箱体养蜂的重点是根据每一个蜜源的花期和泌蜜情况制定生产和蜂群繁殖计划。蜜源植物流蜜期到来时，利用立式隔王板，适时控制蜂王产卵，腾出巢房集中生产，提高产量，达到利润最大化。其他如蜂群繁殖、病害防治、蜂王更新、人工分蜂、越冬等，与双箱体的管理相似。

小资料：单箱体养蜂可多分蜂、卖蜂、授粉。

170. 什么是双箱体养蜂?

利用两个箱体饲养蜂群，是我国普遍采用的饲养方法（图 69）。一般是单箱体越冬，春季蜂群发展到 8 框蜂、4 框子以上时，添加继箱进行生产。该方法管理方便，生产效率高，产品种类多。

小资料：双箱体养蜂理想的模式是在晚秋有 8 框蜂以上，双箱体越冬，双箱体生产。

图 69　意大利蜂双箱体养蜂

171. 双箱体养蜂的管理要点有哪些？

双箱体养蜂比较灵活，根据饲养方式（定地饲养还是转地放蜂）、生产要求（以产蜜为主还是以采浆为主，或蜜浆兼顾）、所采主要蜜源植物进行管理。一般是前期利用小蜜源繁殖，后期添加继箱利用大蜜源生产，蜂王在巢箱中产卵，人工生产在继箱中进行，产品质优量高。

双箱体养蜂，统一时间上下箱体，分装王台，培育、更换蜂王，按时防治蜂螨，提早饲喂越冬饲料或秋季贮留冬季饲料，开门运输蜂群，蜂脾关系保持蜂略多于脾或蜂脾相称，繁殖遵照有多少蜂养多少虫的原则。

双箱体养蜂是我国蜜蜂饲养的主流模式。

172. 什么是多箱体养蜂？

多箱体蜂群是全年采用 2～3 个箱体作为蜂王产卵、蜂群育虫和储存饲料之用，在流蜜期到来时加储蜜继箱的饲养方式。这是国外先进国家机械化、规模化养蜂生产普遍采用的方法，在蜂群管理上以箱体为操作单位，简便省工，能显著提高劳动生产率和蜂蜜质量，并且有利于饲养和保持强群（图 70）。

图 70　多箱体养蜂
（叶振生 摄）

采用多箱体养蜂必须使用活箱底蜂箱，以便于各个箱体互换位置，必须有大量的巢脾和充足的饲料储备，开始投资较大。在我国，较大的蜂场中可分出部分蜂群以这种蜂群管理方式进行试养。

173. 多箱体养蜂的管理要点有哪些？

（1）双箱体越冬 晚秋准备进行蜂群越冬时，蜂群需有7框以上蜜蜂、20～25千克饲料的蜜脾、2～3框花粉脾。布置蜂巢时采用两个箱体，将70%的蜜脾和全部花粉脾放在上箱体（继箱）里，从两侧到中央依次放整蜜脾、花粉脾、半蜜脾；30%的蜜脾、蜂王和子脾放在下箱体（巢箱）。如果采用3个箱体越冬，将50%的蜜脾和全部花粉脾放在最上面的第三箱体，30%的蜜脾放在中间箱体，20%的蜜脾、蜂王和子脾放在最下面的箱体。随着饲料的消耗，越冬蜂团逐渐向上移动，越冬期蜂团通常处于两个箱体之间。早春，蜂王大多在上箱体内开始产卵，子脾位于上箱体。

（2）蜂群的检查 只在春季蜂群已经恢复采集活动时、转地饲养前后、布置越冬蜂巢时以及对个别发生分蜂热的蜂群，进行逐脾的全面检查，平时只做局部的快速检查和箱外观察。从上箱体的育虫区提出1～2框子脾，根据蜂子的有无和多少，判断蜂王的存在和质量；从上箱体的后面把箱体掀起，向巢脾喷一些烟，从下面查看子脾边缘是否有王台，判断是否发生分蜂热；根据箱体的重量，判断巢内饲料的余缺。

（3）调整育虫箱 多箱体蜂群的管理不是以巢脾为单位，而是以箱体为单位。春季蜂王大多在上面的箱体内产卵，在最早的粉源植物开花1个月以后，蜂群由新老蜜蜂交替的恢复阶段进入发展阶段时，上箱体中部的巢脾大部分被蜂子占满，将上箱体与下箱体对调位置，将下面具有空巢脾的箱体调到上面，蜂王自然会爬到调到上面的箱体内产卵。经过2～3周，位于上面箱体的巢脾大部分被蜂子占据，下面箱体的子脾基本上羽化出房，空出了许多巢脾，可进行第二次上下调动箱体。再经2～3周，蜂群发展到15框蜂以上，在上下对调箱体后，于两箱体之间加装有空脾的第三箱体。蜂群有3个箱体，足够蜂王产卵、蜜蜂栖息和储存饲料之用。以后每隔2～3周，对调一次最上面和最下面的箱体，中间箱体不动。

（4）流蜜期管理 大流蜜期开始前，上下对调箱体，在最上面箱体上加隔王板，上加1个储蜜用的空脾继箱，待继箱的储蜜达到80%时，在它下面隔王板之上加第二继箱。往后再加继箱时，仍然加在原有储蜜继箱的下面、隔王板之上。如果蜂群采集的花蜜数量较大，蜂群每日增重在2千克以上，加继箱时可在继箱里放置4～5个巢础框，巢础框与空脾间隔放置。在流蜜期快结束时，将储蜜继箱的蜂蜜一次分离。将取过蜜的巢脾和继箱，仍然放回蜂群，让蜜蜂将黏附在巢脾上的余蜜吮吸干净，然后对空脾进行熏蒸后，妥善保管。如果继箱和巢脾不足，每群至少要有两个继箱，可分批取蜜，每群每次只分离1个继箱的封盖蜜脾。

（5）饲料的储备 在最后的主要蜜源植物流蜜末期要适时撤去储蜜继箱，以便蜂群在育虫箱内装足越冬饲料，或者预先选择一些巢脾质量好的封盖蜜脾储藏起来，作为越冬饲料。

小资料：多箱体养蜂更新蜂王主要是换王，蜂王由育王场培养，生产蜂场从育王场购买，一次性更新。每年更换蜂王要趁早。

174. 什么是定地饲养？

一年四季蜂群放在一个地方繁殖、生产，不放蜂、不流动，即为定地养蜂。定地养蜂，场地周围周年须有1个或1个以上的主要蜜源植物开花泌蜜进行生产，并且具有持续的辅助蜜源植物供蜜蜂繁殖，并且要有无污染、无干旱、无水涝、民风好的环境，水源充足、水质优良，具备养蜂人员生活和蜂产品生产的建筑。

定地养蜂风险较小，适合山区饲养。

175. 定地养蜂有何特点？

由于一个地方每年都重复着同样的气候和蜜源，所以每年有着相同的蜂群繁殖、管理和生产措施，既相同的繁殖、生产、管控蜂王、育王、治螨、喂蜂等工作，只需根据生产和天气变化需要小幅调整管理措施。定地饲养，能够实行一人多养、多箱体饲养和生产成熟蜂蜜，容易饲养强群，王浆产量相对较高，有利于雄蜂蛹的生产，家庭

成员参与生产，可兼顾平时的农业生产。

定地养蜂在蜜源淡季依靠喂糖产浆，等待蜜源开花采蜜。风险较小，收入低但稳定，养蜂兼顾持家种地。

176. 什么是转地放蜂？

根据气候和蜜源，将蜂群拉运到有花开的地方放蜂采蜜，进行繁殖或生产，就是转地放蜂。长途转地放蜂，一般从春到秋，从南向北逐渐赶花采蜜，最后再一次南返；定地加小转地放蜂，一般在居住地周围100千米以内转地采蜜。转地放蜂顺序，一般是根据生产或管理需要，按开花先后以放蜂路线将养蜂场地贯穿起来。

由于蜜源分布特点，我国大部分蜂场都实行转地放蜂，以提高产量和效益。

177. 转地放蜂有何特点？

转地放蜂一户一车蜂群（图71）。早春南方1月份开始繁殖，然后随着主要蜜源花期逐渐从南向北放蜂生产，8～9月南返回家越冬，1月再向南方运输蜂群春繁；或者南返到江苏、浙江、福建等地采集茶花等秋、冬蜜源，并就地越冬春繁；或者在北方越半冬，再一次性南返春繁，年复一年。

图71　放蜂车

每年的蜂群管理和放蜂路线基本相同，不停地转地。产品有蜂蜜、蜂王浆和蜂花粉等，以生产蜂蜜为主或蜜浆兼收，蜂蜜浓度受蜜源、天气影响较大，高低不一。一人饲养蜂群45～100群，双箱体饲养，单王或双王，蜂群控制在12～14脾蜂。

转地放蜂有长线和短线两种，长线转地里程从近千千米到数千千米不等，跨省放蜂，收益高，但技术要求强、劳动强度大，风险大、投资大；短线放蜂路程由几十千米至数百千米，在省内或邻近地区采蜜，收益和技术要求相对较低，风险和投资亦小。

178. 如何安排转地路线？

蜂群转运要考虑运程远近、顺逆、是否稳产和运输安全，以获得高产。在主要蜜源花期首尾相连时，应舍尾赶前，及时赶赴新蜜源的始花期。

长途转运路线均由南向北，大致分为西线、中线、东线和南线。

（1）西线　云南、四川→陕西→青海（或宁夏、内蒙古）→新疆。早春先把蜂群运到云南繁殖。在云南应注意预防蜂群小蜂螨，一经发现要干净彻底根除；注意保持蜂群内一定的温度，勿使干燥（因开远、罗平、楚雄、下关等地春天风大）。待到2月底，在楚雄、下关或昆明附近繁殖的蜂场应走四川成都采油菜花。当地油菜花期结束以后，再到陕西汉中地区采油菜花，然后赴蔡家坡、岐山、扶风等地采洋槐花，延安、榆林也是很好的刺槐蜂蜜生产基地。如果在陕西境内转地放蜂，可到太白稍作休整繁殖，待盐池等地的老瓜头、地椒花开，再转到盐池，然后再到定边一带去采荞麦花和芸芥花。

小资料：陕西洋槐花期结束以后也可以转往西北，如甘肃油菜、青海油菜、新疆棉花等也是几个比较连贯的好蜜源。该路线以西北蜜源为主，泌蜜稳定且高产，宝鸡市是全国蜂产品集散地之一，每年有40万～50万群蜂从东南或西南来此采蜜，加上西北本地蜂60多万群，年产蜜约2万吨。

（2）中线　主要以京广铁路为转运线，广东、广西→江西、湖南→湖北→河南→河北、北京→内蒙古。在广东、广西、贵州、江西、湖

南、湖北等地进行春季繁殖和生产的蜂场，于当地油菜等花期结束以后可直接北上河南采油菜花、刺槐花等；然后再北上河北、山西，那里的洋槐花正含苞待放等着养蜂人，而且山上的荆条花也即将要流蜜。荆条花期结束以后可到太原，那里有大面积的向日葵和荞麦相继开花。山西的洋槐花期结束以后，也可直接去内蒙古赶荞麦、老瓜头花期，结束后转至呼和浩特市托县一带采茴香花和向日葵花。内蒙古采蜜结束后可在鄂尔多斯高原越“半冬”，然后直接运往广东、广西或返回原籍，准备下一年的放蜂。

在河北采洋槐花的蜂场，可在北京附近采荆条花，也可去东北采椴树花，每逢椴树的大年，天气又适宜，收获也相当可观。

在河南洋槐花期结束以后，若不北上，可稍作休整，然后在新郑、内黄、灵宝采枣花，或在辉县、焦作等地采荆条花，最后，折返到驻马店采芝麻花。芝麻结束到信阳或江浙采茶花。

(3) 东线　福建、广东→安徽、浙江→江苏→山东→辽宁→吉林→黑龙江→内蒙古。在福建、浙江、上海等地春繁以后可到苏北采油菜花，再到山东境内胶东半岛等采刺槐花，山东的枣树蜜源也很丰富，而后走烟台直赴旅顺、大连，那里的红荆条也是很好的蜜源，每年一度的吉林长白山区或黑龙江省的椴树花期也别错过。椴树花期结束，部分蜂场就近采胡枝子，另一部分蜂场则向南折回吉林、辽宁或内蒙古采向日葵。进入 9 月，东北、内蒙古气温降低，蜂场在向日葵场地繁殖并越“半冬”，到了 11 月中、下旬，再南下往广东、福建的南繁场地。东线的转地距离长达 5 000 千米。

(4) 南线　福建→安徽、江西→湖南→湖北→河南。浙江、福建蜂场在本地越冬后，于 2 月下旬转到江西或安徽两省的南部采油菜；4 月初到湖南北部、江西中部采紫云英；5 月进湖北采荆条，或从湖南、江西转入河南采刺槐、枣花、芝麻；于 7 月底或 8 月下旬转回湖北江汉平原，或湖南洞庭湖平原采棉花，最后往江苏、浙江采集茶花。

短途转地放蜂在本省或邻近地区，用汽车运蜂到第二天中午之前能到达的地方放蜂，也是提高养蜂效益的一个很好方法。

不论走哪条路线，都要注意调查研究，往往在上个蜜源没有结束之前，就要派人到下一个场地去实地考察，切莫犯经验主义的错误。虽然蜜源情况每年有一定的规律，但随着农业结构的变化、各年气候的差异，也会有所变动。四条放蜂路线也可穿插进行放蜂，要灵活运用。

每到一地都应时刻注意农民喷洒农药、除草剂及有无抗虫植物等，并采取防范措施。

179. 如何落实放蜂场所？

调查蜜源植物的种类、分布、面积、长势、花期、利用价值、耕作制度、病虫害轻重、周围有无有害蜜源（有毒与甘露蜜源）、前后放蜂地点花期是否衔接、气候（光照、降水、风力风向、温度、湿度、灾害性气候）；其次更了解场地周围蜂场的数量、蜜蜂品种以及当地的风俗民情，农药污染、大气污染、水质、交通，场地地势是否在水道或风口上。若同一地方同一时期有两个以上主要蜜源开花流蜜，应根据蜜源、气候、生产和销售等情况，选择最优场地。如果蜜源集中的地方蜂场过多、蜜蜂拥挤，应选蜂少够用的场地。选定放蜂场地后，应征得当地蜂业合作社及村镇等有关单位认可，并填写放蜂卡或签订协议，即完成落实场地的任务。

一般情况下，应选择两个以上场地，以应付运输中因堵车、雨水、错过花期等原因造成的被动局面。转地放蜂凡是在人口密集、水道或风口上的地方，都不宜搁置蜂群。

180. 转地前做哪些准备工作？

(1) 蜂群 准备工作主要包括蜂群、饲料和物品等。一个继箱群放蜂不超过 14 脾，上 7 下 7，封盖子 3～4 框，多余子脾和蜜蜂调给弱群；一个平箱群有蜂不超过 8 脾，否则应加临时继箱。群势大致平衡后，继箱群的巢箱放小子脾，卵虫脾居中，粉蜜脾依次靠外，继箱放老子脾（如果需要），巢、继箱内的巢脾全向箱内一侧或中间靠拢。平箱群的巢脾顺序不变。

(2) 饲料 要求每框蜂有 0.5 千克以上的成熟蜂蜜，忌稀蜜运蜂，还要有一定量的粉脾。在装车前 2 小时，给每个蜂群喂水脾 1 张，并固定。或在装车时从巢门向箱底打（喷）水 2～3 次，在蜂箱盖或四周洒水降温。

(3) 物品 根据计划，在启运前应准备足够数量的巢箱、继箱、巢脾（或巢础框）、饲料等蜂群管理必需品，生产工具，能源、娱乐设备，野外帐篷，便捷的交通工具，以及全部生活用品和适当数量的包装容器，并分别装“箱”或桶。

小资料：运输蜂群，不能无王。如果发现蜂群无王，要及时导入蜂王或合并蜂群。另外，准备一些常用药品和防蜂蜇的药品，以备不时之需。

181. 哪些工具可供运输蜂群？

火车、汽车、马车等都可运输蜂群，现在多用汽车运输，方便快捷。运输蜜蜂的汽车必须车况良好、干净无毒，车的吨位和车厢大小与所拉运蜂量和蜂箱装车方法（顺装或横装）相适应。蜂车启程后尽量走高速公路，在条件许可的情况下，可与车主签订运蜂合同，明确各方责任和义务。运蜂车辆，总高度不得超过 4.5 米。

火车运蜂要提前填写用车计划，看好摆蜂货位，检查车厢卫生，蜂群白天到货场等候，白天装物，傍晚装蜂。

运输车辆必须保险齐全，车况良好，司机经验丰富；蜂场必须有放蜂证和开据蜜蜂检疫证。另外，大吨位的汽车运蜂震动强烈，对蜂群很不利；不用拖斗车运蜂，虽然连续的轻微震动对蜜蜂保持安静有利，但强烈震动会造成巢脾断裂或框卡松动，有时还会甩脱蜜蜂于箱底，从而造成蜜蜂的死亡和骚动。

182. 如何进行运输包装？

运输蜂群，须固定巢脾与连接上下箱体，防止巢脾碰撞压死蜜蜂，并方便装车、卸车。这项工作在启运前 1～2 天完成。

（1）固定巢脾 以牢固、卫生、方便为准。用框卡或框卡条固定的方法是在每条框间蜂路的两端各楔入一个框卡，并把巢脾向箱壁一侧推紧，再用寸钉把最外侧的隔板固定在框槽上。或用框卡条卡住框耳，并用螺钉固定。或用海绵条固定，方法是将特殊材料制成的具有弹（韧）性的海绵条、置于框耳上方，高出箱口 1～3 毫米，盖上副盖、大盖，以压力使其紧压巢脾不松动，并与挑绳捆绑相结合。

（2）连接箱体 是用绳索等把上下箱体及箱盖连成一体。用海绵压条压好巢脾后，将紧绳器置于大盖上，挂上绳索，压下紧绳器的杠，即达到箱体联结和固定巢脾的目的，随时可以挑运。

有些蜂场利用铁钉前后钉住巢框两个侧条固定巢脾，有些利用弹簧等四角拉紧上、下箱体。

183. 怎样装车何时启运？

（1）关巢门运蜂装车 打开箱体所有通风纱窗，收起覆布，然后在傍晚大部分蜜蜂进巢后关闭巢门（若巢门外边有蜂，可用喷烟或喷水的方法驱赶蜜蜂进巢）。每年 1 月份，北方蜂场赶赴南方油菜场地繁殖蜜蜂时，运输中弱群折叠覆布一角，强群应取出覆布等覆盖物。关门运蜂适合各种运输工具。蜂箱顺装，汽车开动，使风从车最前排蜂箱的通风窗灌进，从最后排的通风窗涌出。

（2）开巢门运蜂装车 必须是蜂群强、子脾多和饲料足，取下巢门档开大巢门，适合繁殖期运蜂。装车时间定在白天下午，装卸人员穿戴好蜂帽和工作服，束好袖口和裤口，着高筒胶鞋。在蜂车附近燃烧秸秆产生烟雾，使蜜蜂不致追蜇人畜。另外，养蜂用具、生活用品事先打包，以便装车。装车以 4 个人配合为宜，1 人喷水（洒水），每群喂水 1 千克左右；2 人挑蜂；1 人在车上摆放蜂箱。蜂箱横装，箱箱紧靠，巢门朝向车厢两侧。蜂箱顺装（适合阴雨低温天气或从温度高的地区向温度低的地区运蜂），箱箱紧靠，巢门向前。最后用绳索挨箱横绑竖捆，刹紧蜂箱。

国外养蜂多四箱一组置于托盘上，使用叉车装卸，节省劳力。蜂车装好后，如果是开巢门装车运蜂，则在傍晚蜜蜂都上车后再开车启

运。如果是关巢门装车运蜂，捆绑牢固后就开车上路。黑暗有利于蜜蜂安静，因此，蜂车应尽量在夜晚行进，第二天午前到达，并及时卸蜂。

运输蜂群，应避免处女王出房前或交尾期运蜂，忌在蜜蜂采集兴奋期和刚采过毒时转场。开门运蜂需喂水，关门运蜂不喂水。

184. 汽车关巢门运蜂途中如何管理?

运输距离在500千米左右，傍晚装车，夜间行驶，黎明前到达，天亮时卸蜂，途中不停车。到达后将蜂群卸下摆放到位，及时开启巢门，盖上覆布、大盖。

若需白天行驶，避免白天休息，争取午前到达，以减少行程时间和避免因蜜蜂骚动而闷死。遇白天道路堵车应绕行，遇其他意外不能行车时应当机立断卸车放蜂，傍晚再装运。

8～9月份从北方往南方运蜂，途中可临时放蜂；11月份至翌年1月份运蜂，提前做好蜂群包装，途中不喂蜂、不放蜂、不洒水，视蜂群大小折叠覆布一角或收起，避免剧烈震动。到达目的地卸下蜂群后，等蜜蜂安静后或在傍晚再开巢门。

运输途中严禁携带易燃易爆和有害物品，不得吸烟生火。注意装车不超高，押运人员乘坐位置安全，小心农村道路电线拦、挂蜂车，按照规定进行运输途中作业，防止发生意外事故。

185. 汽车开巢门运蜂途中怎样管理?

运输距离在500千米以上，如果白天在运输途中遇堵车等原因，或在第二天午前不能到达场地，应把蜂车开离公路停在树阴下放蜂，待傍晚蜜蜂都飞回蜂车后再走。如果蜂车不能驶离公路，就要临时卸车放蜂，将蜂箱排放在公路边上，巢门向外（背对公路），傍晚再装车运输。

临时放蜂或蜂车停放，应向巢门洒水，否则其附近须有干净的水源，或在蜂车附近设喂水池。

开门运蜂白天不得停车。一旦蜂车停下，短时蜜蜂会飞失，须傍晚蜜蜂归来时再上路行驶。

186. 卸蜂车即时管理注意哪些问题?

到达目的地将蜂车停稳后，即可解绳卸车，或向巢门边喷水边卸车，尽快把蜂群安置到位。

关门运蜂，蜂群安置到位后向巢门喷水（勿向纱盖喷水），待蜜蜂安静后即可打开巢门。如果蜂群不动有闷死的危险，则应立刻打开大盖、副盖，撬开巢门。

开门运蜂，如果运输途中停过车，蜜蜂偏集到周边的蜂箱里，在卸车时须有目的地3群一组，中间放中等群势的蜂群，两边各放1个蜂多的和蜂少的蜂群，第二天把左右两边的蜂群互换箱位，以平衡群势。

在养蜂生产中，开门运蜂可保障蜜蜂不会闷死，不会影响蜜蜂卵虫蛹的发育，并且蜂王产卵正常，群势下降不明显。在炎热的夏季，用汽车远距离开门运蜂，与关门运蜂相比，可使产值增加30%左右，工蜂体色正常、寿命正常。

无论开门运蜂还是关门运蜂，不论温度高低，到达目的地后，不盖覆布，在第二天再盖覆布。

187. 怎样养好中蜂?

养蜂中蜂，一是蜜源丰富，持续不断；二是场地合适，阳光充足，环境安静，冬暖夏凉；三是蜂箱大小符合蜂群和生产需要；四是根据情况每年取蜜1～3次，留足饲料；五是选育抗病蜂王，及时更新老王、有病蜂王，慎重引种；六是保持蜂多于脾或蜂脾相称；七是积极造脾；八是少开箱、少干扰。

188. 怎样准备中蜂过箱?

将无框蜂巢改为有框或大框改成小框饲养的操作叫中蜂过箱，是

巢脾的移植过程，是现代饲养中蜂的开始。

准备好蜂箱、巢框、刀子（割蜜刀）和垫板、王笼、塑料容器、面盆、绳索、塑料瓶、桌子、防护衣帽、香或艾草绳索，以及梯子等。选择好时机，一般在蜜粉源条件较好、蜂群能正常泌蜡造脾、气温在16℃以上晴暖天气的白天进行。过箱蜂群群势一般应在3～4框足蜂以上，蜂群内要有子脾，特别是幼虫脾。另外，无框饲养的蜂群，先将蜂桶或板箱搬离原位，将新箱放置到原位。

3框以下的弱群保温不好、生存力差，应待群势壮大后再过箱。

189. 中蜂过箱如何操作？

中蜂过箱包括以下操作程序：

（1）驱赶蜜蜂 用木棍或锤子敲击蜂桶，蜜蜂受到震动，就会离脾，跑到桶的另一端空处结团；或用烟熏蜂直接将其驱赶入收蜂笼中。对于裸露蜂巢，使用羽毛或青草轻轻拨弄蜜蜂，露出边缘巢脾。变更巢脾巢框时则需要将脾上蜜蜂抖落。

驱赶蜜蜂时要认真查看，发现蜂王，务必装入笼中加以保护，并置于新箱中招引蜂群。

（2）割脾 右手握刀沿巢脾基部切割，左手托住，取下巢脾置于木板上等待裁切。

（3）裁切 用一个没有础线的巢框做模具，放在巢脾上，按照去老脾留新脾、去空脾留子脾、去雄蜂脾留蜜粉脾的原则进行切割，把巢脾切成稍小于巢框内径、基部平直且能贴紧巢框上梁的形体。

注意，要将多数蜂蜜切下另外贮存，留少量蜂蜜够蜜蜂3～5天食用即可，以便减轻重量将巢脾固定在框架上。

（4）镶装巢脾 将穿好铁丝的巢框套装入已切割好的巢脾（较小的子脾可以2块拼接成1框），巢脾上端紧贴上梁，顺着框线，用小刀划痕，深度以接近房底为准，再用小刀把铁丝压入房底。

（5）捆绑巢脾 在巢脾两面近边条1/3的部位用竹片将巢脾夹住，捆扎竹片，使巢脾竖起；再将镶好的巢脾用弧形塑料片从下面托住，用棉纱线穿过塑料片将其吊绑在框梁上。其余巢脾，依次切割捆绑。

如果大量无框蜂群过箱，可按上述方法绑定巢脾，然后旋转蜂箱按序摆好，再将蜜蜂驱赶进箱，留下原巢巢脾，再割下捆绑，循环作业。

弧形塑料片可用废弃饮料瓶加工。

(6) 恢复蜂巢 将捆绑好的巢脾立刻放进蜂箱内，子脾大的放中间，拼接的和较小的子脾依次放两侧，蜜粉脾放在最外边，巢脾间保持 6～8 毫米的蜂路，各巢脾再用钉子或黄胶泥固定。

(7) 驱蜂进箱 用较硬的纸卷成 V 形的纸筒，将聚集在一旁的蜜蜂舀进蜂箱，倒在框梁上。注意，一定要把蜂王收入蜂箱。然后，将蜂箱支高置于原蜂群位置，巢门口对外，离开 1～2 小时，让箱外的蜜蜂归巢。

如果是活框蜂群更改巢框，直接将蜜蜂抖入捆绑好巢脾的蜂箱即可。

190. 如何管理过箱蜂群?

过箱次日观察工蜂活动，如果积极采集和清除蜡屑，并携带花粉团回巢，表示蜂群已恢复正常。反之应开箱检查原因进行纠正。3～4 天后，除去捆绑的绳索，整顿蜂巢，傍晚饲喂，促进蜂群造脾和繁殖。1 周后巢脾加固结实，即可运输至目的地，1 个月后蜂群即可得到发展。

191. 中蜂过箱应注意哪些问题?

中蜂过箱一般选择外界蜜源丰富、蜜蜂繁殖时期，具有一定的群势大小和子脾数量；猎获野蜂群的时间宜在自然分蜂季节进行，以便留下部分蜂巢、蜜蜂和王台，作为再次猎获或野生蜜蜂延续种族的种子。蜂群过箱需要 2～3 人协同作业，动作要准确轻快，割脾裁剪规范，捆绑牢固平整，尽量减少操作时间。蜜蜂移居的蜂箱，尽量保留子脾，让蜜蜂包围巢脾；食物须充足，若缺少蜂蜜当天喂糖浆 100 克

左右，以在午夜之前过箱完毕为宜。

过箱蜂群忌阳光曝晒，忌震动蜜蜂。要勤观察、少开箱，及时处理蜂群逃跑问题。

192. 中蜂活框饲养要点有哪些?

(1) 蜜源丰富 中蜂通常定地饲养，因此，在蜜蜂活动季节，蜂场周围1.5千米范围内须有持续不断的蜜源植物开花泌蜜。

(2) 场地合适 放蜂场地僻静，蜂箱摆放位置合适、隐蔽，不干不湿，白天有短日照，勿暴晒。

(3) 蜂箱合适 蜂箱大小和式样合乎中蜂生长需要和习性，符合人们管理生产的要求，结实严密、隔风挡雨、保温保湿（图72）。

图72 一种增大了下蜂路、活底箱养中蜂

建议采用活底蜂箱，箱体低矮，长、宽合适（适合当地中蜂），以便实现多箱体饲养。

(4) 少开箱少取蜜 根据计划管理蜂群，无计划不开箱，通过扩大蜂巢贮存蜂蜜，一年生产蜂蜜2～3次。

(5) 春季繁殖 雨水节气（中原地区）前后，开箱检查蜂群，取出多余巢脾，割除下部空房，每天喂糖水50克左右，促进蜂王产卵。待蜂群巢脾长满，加巢础于隔板内。

(6) 勤更新巢脾 及时更新巢脾，保持繁殖巢脾都是新巢脾。巢脾是蜂群的生长点，只有不停地更新巢脾，蜂群才有活力。

(7) 更新蜂王 根据各地经验，每年在谷雨之后、小满之前，培育、更新蜂王。

(8) 生产季节扩大蜂巢 由下向上添加箱体，下箱体造脾繁殖，上箱体贮存蜂蜜。

(9) 越冬准备 秋末蜂群断子，取出巢脾，将优质蜜足巢脾割去空巢房，留下上部蜜脾，还给蜂群，每群3～4张，这也是越冬和春季繁殖巢脾。

(10) 蜂群越冬 群势达 5 000 只以上的蜜蜂，保证食物充足。缩小巢门，盖严覆布，不开箱、不震动。

193. 何谓中蜂木桶饲养？

利用直立的蜂桶饲养中蜂，无框，巢脾附着在桶壁上，即桶养中蜂。桶养中蜂主要蜂具是蜂桶，有圆有方，上、下桶口由独立的石片或木板作盖或底（图 73）。圆形蜂桶一般是把高 60～80 厘米、直径 35 厘米左右的树段镂空而成，制作时勿剥去蜂桶树皮；方形蜂桶是由四块相同的木板通过木条固定拼接而成。蜂桶可卧可立，直立蜂桶在中间或稍微靠上一些的位置，用约 3 厘米见方的木条十字形穿过树段，方木下方供造脾繁殖，上方供造脾贮存蜂蜜。

图 73 济源卧式蜂桶摆放山坡

蜂群摆放，将蜂箱散放山坡，高低错落有致。地方狭小，亦可紧凑摆放，但水平间隔和上下高差都应在 0.5 米以上。蜂桶置于石头平面上或底座（木板）上，巢门留在下方，上口用木板或片石覆盖，并用泥土填补缝隙。

蜂巢的小环境适宜，符合野生蜜蜂种群的生活特性，疾病较少，管理简化，投入与产出比较为合理。

卧式蜂桶，桶径须达 35 厘米以上。

194. 如何检查桶养中蜂？

检查桶养中蜂，主要根据多年的实践经验、蜜蜂生活规律和蜜源环境，通过巢外观察获得蜂群信息，推测蜂群中存在的问题；再掀开上箱板观察蜂群长势、采蜜多少，或将蜂桶顺巢脾走向倾斜 30°～

45°，观察蜂群稀稠、有无王台、子脾好坏、造脾与否、巢脾新旧等，掌握上述信息以后，再进行下一步管理工作。

195. 桶养中蜂如何进行春季繁殖？

（1）缩巢 早春检查蜂群，清除桶底蜡渣，在有蜜粉进巢时，选择吉日（晴暖天气），中间无梁蜂桶，割去一边或下部巢脾，使蜂团集聚，等待新脾长出，再割除另外一边旧脾。

（2）喂蜂 早春饲喂蜂群，掀起蜂桶，将盛装糖水的容器置于箱底，上浮秸秆或小木棒，靠近巢脾下缘即可。天气寒冷在下午饲喂，天气温暖在傍晚饲喂。对患病蜂群，每次喂蜂前应将容器及浮木清洗干净。每次喂糖水量以午夜前蜜蜂吃完为准。

无框窑洞饲养或桶养的中蜂，可将花粉加少量水粉碎成末，置于反转的箱盖中让蜜蜂自由采集。

无框饲养的蜂群，多数采取割脾的方法调整蜂脾关系。

196. 怎样更新桶养中蜂蜂巢？

结合生产，割除上部贮蜜巢脾后将蜂桶倒置，上部旧脾贮蜜，新造巢脾繁殖。

如果蜂群生病，全部割除巢脾，喂蜜（或糖浆）让蜜蜂重新营造新巢穴。

197. 桶养中蜂如何养王分蜂？

（1）自然分蜂 在分蜂季节将蜂桶倾斜 30°左右，查看巢脾下部是否产生分蜂王台，如需分蜂，就留下一个较好的王台，并预测分蜂时间，等待时机收捕分蜂团；如果不希望分蜂，就除掉王台。

（2）人工分蜂 在自然分蜂季节，检查蜂群，将有封盖王台的巢脾割下来一部分，粘贴在木桶上。用勺子将原群中的蜜蜂先舀出两勺，靠拢巢脾，有几十只蜜蜂上脾后，再舀几勺直接倒入蜂桶，迅速盖上盖子（木板），再将蜂桶放在原蜂群的位置，将原群搬到一边。新王出房交配产卵后即成一个新群。

198. 桶养中蜂如何生产蜂蜜？

根据蜜源情况和历年积累的经验，从上部观察蜂蜜的多寡，每年割蜜 2～3 次，每群年产蜜量 5～25 千克。届时，先用烟雾驱赶蜜蜂，再用特制的弯刀割取蜂巢上部或一边蜂蜜巢脾。如果需要蜜、蜡分离，可将蜜脾置于榨蜜机中挤出蜂蜜，或把蜜脾放在不锈钢锅中加热，使蜡熔化，放出蜂蜜；等待温度降低，蜂蜡凝固，再将蜂蜜过滤保存。利用加热方法分离蜂蜜，要注意温度不能超过 80℃。

割取上部蜂蜜后，将蜂桶倒置，原有子脾在上，随着蜜蜂羽化出房变成贮蜜巢脾，蜜蜂在横梁下逐渐造出新的巢房供蜂王产卵育虫。

199. 中蜂板箱饲养要点有哪些？

无框板箱养中蜂，即无框蜂箱、定地饲养，其管理要点是蜜足蜂稠、健康，选育良种，强群采蜜。

(1) 准备无框板箱 蜂箱由 6 块木板合围而成，其中一个大面是活动的，作为打开蜂箱检查、管理蜂群使用。蜂箱左右内宽 66 厘米，前后深 40 厘米（如果群势大，则增加到 45～48 厘米），内高 33 厘米。蜂箱用木架或砖石支高 40 厘米左右，箱上部用草苫做成斜坡状，以蔽雨水和阳光，夏天时可将浸水布片置于箱上降温。蜂箱活动箱板下沿开有巢门，此外，在夏季活动板左右和上部都有缝隙，供蜜蜂进出（图 74）。

图 74　流行南阳的无框板箱养中蜂

蜂群散放于朝阳山坡或庭院。

（2）查看蜂群 靠经验、按季节打开活动箱板观察，以造脾是否积极、蜂子有无病态判断蜂群的繁殖、健康情况。巢脾发白、蜜蜂积极造新脾为正常；巢脾发黄、蜂不旺为不正常，要判断是病、是虫或是蜂王问题，及时处理。在分蜂季节打开蜂箱侧板，用烟驱赶蜜蜂，露出巢脾下缘，查看巢脾下部是否产生分蜂王台，如需分蜂，就留下一个较好的王台，并预测分蜂时间，等待时机搜捕分蜂团；如果不希望分蜂，就除掉王台。同时，清扫箱底垃圾。检查完毕，堵上侧板，恢复原状，做好记录。

（3）繁殖时间 在每年立春前后，使用泥巴将蜂箱孔洞糊严，以减少通风透气，再在箱上用草苫围盖，促进产子。开始时稍微喂些糖水，加消炎药（大安 1 片/笼＋1∶1 的糖水）。待外界泌蜜充足、气温稳定，蜜蜂自行采蜜和扩大蜂巢时，只提供充足的饮水即可。

（4）蜜蜂饲料与巢脾更新 割蜜时间多在农历十月初十前后，蜂结团后取糖，保留一个角（蜂巢）够蜂越冬食用，即冬季饲料留 4 个脾，每脾高 6 寸*、宽 6 寸，多余的割除，第二年亦用此脾繁殖。正月检查，如果蜜蜂缺食，就取一块蜜脾放置于蜂团下方补食，并让蜜蜂能接触到。每年割蜜留下的 4 张脾，作为第二年蜜蜂造脾发展群势的基础，并在次年割蜜时割除。中蜂巢脾年年更新，一般不保存，撤换后即时化蜡处理。

（5）选种分蜂 每年从其他蜂场购买群势最大、产蜜最多的蜂群 2 群，以这两群蜂的雄蜂作种，控制本场雄蜂的产生（割雄蜂蛹），引导种用雄蜂与本场处女蜂王交配。

在人工分蜂（养王）时，用锤子敲击蜂箱一侧，迫使蜜蜂聚集到另一端，然后割取巢脾，从巢脾中央插入竹丝一根，在靠近箱侧或后箱壁的顶端将其吊绑在箱顶上，并从箱外孔隙横向插入两个竹片且穿过巢脾；然后将有封口王台的巢脾带王台割下一小块，固定在横向插入的两个竹片上，与原接在箱顶上的巢脾间隔 8～10 毫米，再用 V 形纸筒将蜂舀入三筒即可；最后搬走原群，将新分群（安装王台群）放在原群位置。原群蜜蜂约 10 天后即发展起来；安装王台蜂群，新

* 寸为非法定计量单位，农村常用，1 寸＝3.333 厘米。

王产卵即成一群。

(6) 防治烂虫病 中蜂病主要有烂虫病，病征是幼虫腐烂，死亡蜂尸苍白色、无光泽、干枯，贴在房壁上，失去固有形态，但不成袋状，亦无臭味，3～18 日龄幼虫、蛹均有死亡，花子。成年蜜蜂表现为离开巢脾聚集在下面集结，几天之后多数蜜蜂消失，即成年蜜蜂死亡。3～5 天群势下降约 70%，但在箱内和蜂场又不见死亡蜜蜂。蜂巢变化——生病群蜂稀、脾黄，喂糖（药）不吃；粉多房多但量少干燥（与无幼蜂和幼虫消耗有关），糖相对多，繁殖差。调查发现该病具有传染性，胡蜂也患此病。推测是成年蜂病引起，也可能是农药或除草剂慢性中毒所致。

防治方法建议：隔离或焚毁病群，断子或换王、换箱更新巢脾（蜂群重新建巢）、巴氏消毒。

小资料：使用敌螨熏烟剂防治巢虫；取过氧乙酸加入小敞口瓶中，上用纱网封闭防止蜜蜂跌落其中，下用泥制作底座防止倾倒，通过熏蒸预防囊状幼虫病。

200. 板箱饲养中蜂如何生产蜂蜜？

蜂蜜生产在每年 9～10 月，或在春天主要蜜源开花泌蜜时，将蜜脾从蜂箱中割下，然后进行蜜、蜡分离。如果蜂蜜带巢一起销售，称为山蜂糖，也叫毛蜂糖。

割蜜时，用艾草烟雾先将蜜蜂驱赶到一边，用刀将蜜脾与桶（箱或窑）壁连接处割裂，清除残余蜜蜂，然后置于桶中或其他适合的容器内，移到住所后再进行处理。分离蜂蜜有加热和挤压榨取两种。

201. 中蜂格子箱饲养要点有哪些？

格子蜂箱养蜂，就是将大小适合、方的或圆的箱圈，根据蜜蜂群势大小、季节、蜜源等上下叠加，调整蜂巢空间，给蜂群创造一个舒适的生活环境，并方便生产封盖蜂蜜。它是无框养蜂较为先进的方法之一。格子蜂箱养中蜂，管理较为粗放，即可城市业余饲养，也能山

区专业饲养，只要场地合适、蜜源丰富，一人能管数百个蜂群。

(1) 饲养原理 自然蜂群巢脾上部用于贮存蜂蜜，之下为备用蜂粮，中部培养后代工蜂，下部为雄蜂巢房，底部边缘建造皇宫（育王巢房）。另外，中蜂蜂王多在新房产卵，蜜蜂造脾，蜂群生长，随着巢脾长大蜜蜂个体数量增加。从这个角度讲，新脾新房是蜂群的生长点，巢脾是蜂群生命的载体。因此，根据中蜂的生活习性，设计制作横截面小、高底低、箱圈多的蜂箱，上部生产封盖蜂蜜，下部加箱圈增加空间，上、下格子箱圈巢脾相连，达到老脾贮藏蜂蜜、新脾繁殖、减少疾病的目的。另外，夏季在下层箱圈下加一底座，可增加蜂巢空间，方便蜜蜂聚集成团，调节孵卵育虫的温度和湿度。

(2) 制造蜂箱 格子蜂箱由箱圈、箱盖、底座组成，箱壁厚度在1.5～3.5厘米。一套箱圈3～8个，方形的由四块木板合围而成；圆形的由多块木板拼成，或由中空树段等距离分割形成。底座大小与箱圈一致，一侧箱板开巢门供蜜蜂出入，相对的箱板（即后方）制作成可开闭或可拆卸的大观察门。箱盖或平或凸，达到遮风、避雨、保护蜂巢的目的，兼顾美观可用于展示；箱盖下蜂巢上还有一个平板副盖，起保温、保湿、阻蜂出入和遮光作用。

箱圈直径或边长一般不超过25厘米、不小于18厘米，高度不超过12厘米、不低于6厘米。新箱圈使用前清除异味，收蜂或过箱时需使用蜜水（渣）喷湿内壁。

(3) 检查蜂群 打开底座活动侧板，点燃艾草绳，稍微喷出烟，蜜蜂向上聚集，暴露脾下缘，从下向上观察巢脾，即能观察有无王台、造脾快慢、卵虫发育等，以便采取处置措施。

每次看蜂时喂点糖水，蜜蜂表现得较温驯。

(4) 喂蜂 外界蜜源丰富，无框蜂群繁殖较快；外界粉、蜜稀少，隔天奖励饲喂。越冬前储备足够的封盖蜜，饲喂糖浆须早喂。

喂蜂蜜或白糖，前者加水20%，后者加水70%，混合均匀，置于容器内，上放秸秆让蜂攀附，搁在蜂箱底座中，边缘与蜂团相接喂蜂。如果容器边缘光滑，就用废脾片裱贴。喂蜂的量，以当晚午夜时分搬运完毕为准。

(5) 春繁扩巢 立春以后，蜜蜂开始采粉，即可进行春季繁殖管理。①打开侧板，清除箱底蜡渣；②从底座上撤下蜂巢，置于井字形木架上，稍用烟熏，露出无糖边脾，用刀割除；③根据蜜蜂多少，决定下面箱圈去留，最后将蜂巢回移到底座上；④通过侧门，每天或隔天傍晚喂蜂少量蜜水；⑤1月左右巢脾满箱，从下加第一个箱圈；⑥根据蜂群大小，逐渐从下加箱圈，扩大蜂巢。

小资料：生产期间，大流蜜期在上添加格子箱圈，小流蜜期在下添加格子箱圈，适时取蜜。

(6) 更换蜂王 分蜂季节，清除王台，在蜂巢下方添加隔王板，将上层贮蜜箱取下置于隔王板下、底座上，诱入王台。新王交配产卵后，如果不分蜂，按正常加箱格管理，抽出隔王板，老蜂王自然淘汰；如果分蜂，待新王交尾产卵后，把下面箱体搬到预设位置的底座上，新王、老王各自生活。

(7) 分蜂增殖 格子蜂箱分蜂也有自然与人工两种。分出的蜜蜂都要饲喂，加强繁殖。

①自然分蜂。需预测时间，伺机捕捉蜂王，引领分出蜜蜂，另成新群。原群留王台1个，多余清除，撤下多余蜂巢（箱圈），盛装新群。

②人工分蜂。是将格子蜂箱底座侧（后）门，做成随时可撤可装的形式，取下侧（后）门，换上纱窗门，改成通风口，关闭通蜂（巢）门；上加两箱圈，蜂巢置其上，打开上箱盖，将蜂吹至底部；及时于巢箱和空格箱圈之间插入隔王板，然后静等工蜂上行护脾。底座和空格箱内剩余少量工蜂和老王，撤走另外放置，添加有蜜有子有蜂箱圈，两天后撤走格子空箱圈，即成为新群老王。原群下再加底座，静等处女蜂王交配产卵。

分蜂有时也简单，当发现蜂群出现王台，在晴天午前，先移开原箱，原址添加一格箱圈，从原群中割取子脾，裁成手掌大小，固定于箱圈中后，导入成熟王台，回巢蜜蜂即可养育出新王。

(8) 蜂病防治 巢虫是蜡螟的幼虫，钻蛀巢脾，致蜂蛹死亡，主要通过选择合适的蜂箱尺寸（宜略小不宜大）、更新蜂巢、蜂格相称和经常扫除蜡渣等预防。

(9) 蜂群越冬 根据蜂群大小保留上部1～2个蜜箱，撤除下部

箱圈，用编织袋从上套下，包裹蜂体 2～6 层，用小绳捆绑，缩小巢门，有利于保温和预防老鼠。

202. 中蜂格子饲养如何生产蜂蜜？

当蜂群长大、箱体（圈）增加到 5 个时，向上整体搬动蜂箱，如果重量达到 10 千克以上，就可撤格割蜜。一般割取最上面的一格。

先准备好起刮刀、不锈钢丝或钼丝、艾草或（蚊）香火、容器、螺丝刀、割蜜刀、L 形割蜜刀、井字形垫木等。①先取下箱盖斜靠于箱后，再用螺丝刀将上下连接箱体的螺钉松开（没有连接不必这一步骤）；②用起刮刀的直刃插入副盖与箱沿之间，撬动副盖，使其与格子一边稍有分离；③将不锈钢丝横勒进去，边掀动起刮刀边向内拉动钢丝两头，并水平拉锯式左右同时向内用力，割断副盖与蜜脾、箱沿的连接，取下副盖，反放在巢门前；④点燃艾草或香火，从格子箱上部向下部喷烟，赶蜂下移；⑤将起刮刀插入上层与第二层格子箱圈之间，套上不锈钢丝，用同样的方法，使上层格子与下层格子及其相连的巢脾分离；⑥搬走上层格子蜜箱，从蜂巢上部盖好副盖和箱盖。

格子箱圈中的蜂蜜可以作为巢蜜，置于井字形木架上，经过清理边缘残蜜，包装后即可出售。或者割下蜜脾，利用榨蜡机，可挤出蜂蜜。蜡渣可作化蜡处理。

小资料：蜡渣可作引蜂的诱饵，洗下的甜汁用作制醋的原料。

203. 中蜂活子、活框饲养有哪些工具？

活子、活框养蜂法即指子脾可以向上移、蜂蜜能够拿下来、巢框随时取出来的中蜂饲养方法。利用这一技术，蜂群长大时群势可达 9 脾蜂，相当于一个 12～13 脾的意蜂群，蜂数近 4 万只左右，蜂病减少。

(1) 标准蜂箱 以标准意蜂箱为基础，对通风口、巢门进行改良而成。用一个巢箱和一个继箱，巢、继箱之间不用隔王板。巢箱底部开 5 厘米宽、长约 40 厘米通风纱窗口 1 个（通风用），前面箱壁靠下约2/3（18厘米）为活动挡板，可自由摘取和安装，以方便从底部观察蜂群盛衰及王台、防治病虫害、喷水、清扫杂物等；继箱为普通继箱（图75）。

活动箱板厚与箱壁相同，上下各留巢门，上边左右开两个巢门，下边中间开大巢门，根据蜂群大小和采蜜情况下上翻转使用，巢门用厚1毫米的铝合金片开约0.39厘米高的三道缝隙供工蜂出入，另在巢门向上处加雄蜂门，供雄蜂进出，在分蜂季节，也可加装王笼，用于诱捕蜂王。

图75 郎氏标准蜂箱活子、活框养中蜂

（2）大、小巢框

①大巢框。上梁长48.2厘米、宽2～2.3厘米、厚2厘米，腹面具巢沟，由杉木制成。巢框内宽37厘米（最小处）、内高34厘米。侧条由硬木制造，高36.5厘米，宽与上梁等同，厚约1.2厘米，侧条内各镶嵌一根铝合金滑道（铝合金推拉门或窗材改造而来），滑道中间槽沟供活动巢脾移动，滑道一侧上下距上梁或下梁4厘米处各开1厘米直径的半圆形凹槽，供取下活动巢脾用。巢框中有两个活动小巢框。

②小巢框。由两根木条和两根铁丝组成，木块长约11厘米，宽与上梁等同，厚约1.2厘米，两端中央开0.1厘米宽、深约0.5厘米的槽缝，供拉线用；木条侧面靠近中央相距3厘米左右钉2个小钉子，供固定铁丝用；自小钉子与两端槽缝开0.1厘米见方的小沟，供铁丝通过，避免小巢框在移动时产生阻碍。小巢框边条中央用自攻镙钉钉入，留0.1厘米的头，通过滑道的凹槽卡进大槽框边条滑道中间槽沟内。小巢框通过两端的槽缝和侧面的铁钉固定两根巢线，供上巢础、造脾用。

204. 中蜂活子、活框饲养要点有哪些?

(1) 选址与蜂箱摆放 场地选在楼房阳台、地面均可，但需注意增湿降温；蜂群两箱一组摆放，相邻近处巢门不开，防止蜜蜂迷巢。蜂箱置于50厘米高的木架上

(2) 蜂群检查 平时通过箱外观察推断蜂群生长和采蜜情况；其次是打开前部活动箱板，从下部观察巢脾新旧和颜色、长势、有无王台、蜜蜂稀稠等，进一步断定蜂群正常与否；最后可打开蜂箱提脾检查。

(3) 繁殖 早春一般2张脾，利用冬季留下的上部小活（框）脾开始繁殖，下部小活脾撤除，边脾外加隔板。随着蜂群长大，巢脾向下延伸，蜂巢向下发展。晚春至秋末移动小活框，让蜜蜂建新房供蜂王产卵。

(4) 适当进行奖励饲喂 用大小合适的器皿（如一个碗、一个塑料盒），边缘贴上薄巢房片或巢础片，供蜜蜂攀登，碗内放置秸秆供蜜蜂攀附，打开前部活动箱板，从下送进蜂箱，边缘靠近蜂团。平常无蜜源时，适当喂蜂，以加强繁殖。在没有花蜜采进时，无论蜂巢中有无蜂蜜，都应适量喂糖促进繁殖。

(5) 饮水供应 在蜂箱底部放置棉纱布，每天通过巢门向上洒水，增加湿度。也可以直接将水浇在上部覆布上，覆布两层，上层为尼龙纸片，下层为棉布。

(6) 扩巢方法 根据蜂群生长快慢和大小，及时装上下部小活框供蜜蜂繁殖，在原有大活（框）巢脾长大达下梁时，在旁边加上同样的巢础框。

(7) 分蜂措施 将诱捕王笼置于巢门隔王片上方，留出通道供蜂王进入。分蜂时，蜂王仅能进入诱捕王笼中，而不能通过隔王片飞逃。待蜂王进入诱捕王笼时，关闭王笼，取出置于（挂在）收蜂笼下方，聚集分出的蜜蜂，倒入预先备好的蜂箱中另成一群。余下蜜蜂留王台1个。

将优质蜂群有卵巢脾割下一小块，用两根竹签插在无王蜂群原有

巢脾适当位置，工蜂即会建造王台培养蜂王。

205. 中蜂活子、活框饲养怎样取蜂蜜？

根据蜂蜜盈亏、封盖与否和客户要求，随时取蜜。包括脱蜂、卸框、割蜜和移子还框等步骤。

(1) 脱蜂 将有蜜脾取出，抖落或吹落蜜蜂，用蜂扫扫除余蜂。

(2) 卸框 将巢脾置于上放井字架的盆或盒等容器上边，用刀沿子脾上方与蜜房衔接处将巢脾割开，要求平整水平；再用刀将上部有蜜巢脾与大活框上梁、边条分离；旋转小巢脾两端的木（侧）条，然后向滑道凹槽推动巢脾，取出蜜脾。

(3) 割蜜 用刀将蜜脾与小活框分离，将蜜脾取出放入容器中，等待脾、蜡分离或绞碎混合。将小活框上蜜蜡残渣清除后用清水冲洗。

(4) 移子还框 卸下小活（蜜）脾的大活框，及时清理残蜜、残蜡，再将巢框（脾）倒置、放平，将下部子脾推向下方（上）框梁，贴紧。最后将清理干净的小活框从巢框下部滑道凹槽插入，推到适当位置（紧贴子脾），将巢脾转正，还给蜂群。

206. 神农架中蜂饲养要点有哪些？

湖北神农架林区的中华蜜蜂属于华中型，在海拔高度400～2 500米都能饲养。利用圆桶、方形木箱，采取自然巢脾、自然王台、单王繁殖、自然分蜂、强群采蜜、从上割蜜生产、翻倒蜂桶更新繁殖巢脾的管理措施（图76）。

图76　神农架无框蜂桶养中蜂

小资料：定地饲养密度，一般一个蜂场饲养30～120群为宜。

207. 持续秋旱采取什么管理措施?

秋季长达1～2个月连续天晴高温气候下，要喂糖喂水繁殖越冬蜂，及时防治蜂螨。此后，采取遮阳等措施减少蜜蜂空飞，保持蜜蜂体力。

208. 长日照采取什么管理措施?

早春在昆明、贵阳繁殖蜂群，如遇花少、日照长、卵不孵化、幼虫干瘪以及蜜蜂空飞情况，采取蜂多于脾、箱内喂水和遮阳措施，避免或减轻因长日照带来的影响。

209. 短日照采取什么管理措施?

北方早春日照短，适当喂糖可刺激工蜂排泄，促进蜂王产卵繁殖。

210. 大水浸漫蜂箱该怎么办?

夏天，如果蜂群置于低洼、河道或河道半坡，就会发生下雨时积水浸漫蜂箱，淹没蜂群。此时，先用纸笔画出蜂场蜂群位置图，做好标记；再将蜂群及时迁移到无水的地方摆放，或者堆叠码垛，等水退后搬回原址。蜂群搬离原址期间，时刻向蜂群洒水，减少蜜蜂活动，或者使用遮光、保温物体覆盖蜂群和采取通风措施，保持黑暗，减少蜜蜂外出。

211. 如何处理被泥水浸泡和淹埋的蜂群?

被雨水浸泡或泥水冲击蜂场后，要及时清洗现有蜂箱并消毒，将有蜜巢脾2张，削去下部子脾或空巢房，置于清洗过的蜂箱中，收集残蜂，并立即转移蜂场。对无王蜂群，向邻近蜂场求索老王或移虫育王；防治蜂螨；适量饲喂，繁殖蜂群。

将剩余所有被泥水浸泡的巢脾卖给收购经纪人，巢框焚毁。

蜂王被淹（闷）死的蜂场，除焚毁受伤子脾，清洗蜂箱，根据蜂数多少，按蜂脾比1.5∶1整理蜂巢外，抓紧时间移虫育王，防治蜂螨，准备蜂群重新饲养。

212. 雾霾、沙尘天气采取什么管理措施？

蒙蒙大雾、黄沙飞扬（沙尘暴），含硫酸盐、硝酸盐、粉尘等物质的颗粒漂浮于空中，最后降落于花朵，蜜蜂采集被污染的花粉、花蜜后，会引起爬蜂病等。此时，及时转移蜂场是正确的做法。

小资料：湖北油菜、河南紫云英和枣树花期，常因雾霾、沙尘天气造成蜂群爬蜂病。

213. 早春低温采取什么管理措施？

短时期低温寒流（蜜蜂不能正常飞行活动），喂浓糖浆，提升温度。

长时间低温寒冷，保持粉、水供应，不喂糖浆，给缺糖蜂群补充大糖脾；折叠覆布加强通风，降低巢温，使蜂团集，放缓繁殖速度，保证现有子脾健康和蜜蜂生命；同时，注意天气，利用有限温暖时间促蜂排泄。

小资料：长期低温寒流（灾害性天气）多发生在湖北、四川油菜花前期。

214. 夏季高温采取什么管理措施？

夏季持续高温，巢穴温度过高，工蜂离脾，繁殖受阻，蜂势下降。采取遮阳、洒水等降温增湿措施。

生产场地减少繁殖巢脾，保持蜂脾相称；短期越夏场地断子治

螨，长期越夏场地适当繁殖。

小资料：枣树、荆条花期减少繁殖巢脾，适当控制繁殖速度，有利于蜜蜂健康。

215. 阴雨天气采取什么管理措施？

蜂群活动季节，天气连续阴雨，缺少检查，蜂群容易缺食、巢穴潮湿。应采取遮雨、喂蜂措施，保持蜂群食物充足、蜂巢干燥。同时，在天气转好时，要预防发生自然分蜂。

216. 干旱天气采取什么管理措施？

干旱天气，一方面，要加强蜂群喂水，减少巢箱脾数，适当控制繁殖速度；另一方面，若粉源充足，可喂糖水脱粉，提高效益。

三、养蜂生产

217. 分蜜机的工作原理是什么?

分离蜂蜜是利用分蜜机的离心力，把贮存在巢房里的蜂蜜甩出来，并用容器承接收集。

218. 如何生产分离蜂蜜?

分离蜂蜜包括脱落蜜蜂、切割蜜盖、分离蜂蜜（摇蜜）和归还巢脾四个操作步骤。

（1）脱落蜜蜂 是将附着在蜜脾上的蜜蜂脱离蜜脾，其方法有抖落蜜蜂和吹落蜜蜂等。

抖落蜜蜂为人站在蜂箱一侧，打开大盖，把贮蜜继箱搬下，搁置在仰放的箱盖上，并在巢箱上放一个一侧带空脾的继箱；然后推开贮蜜继箱的隔板，腾出空间，两手紧握框耳，依次提出巢脾，对准新放继箱中空处、蜂巢正上方，依靠手腕的力量，上下迅速抖动2～3下，使蜜蜂落下，再用蜂扫扫落巢脾上剩余的蜜蜂。

吹落蜜蜂则是将贮蜜继箱置于吹风机的铁架上，使喷嘴朝向蜂路吹风，将蜜蜂吹落到蜂箱的巢门前。

抖脾脱蜂要注意保持平稳，不碰撞箱壁和挤压蜜蜂。将脱蜂后的蜜脾置于搬运箱内，搬到分离蜂蜜的地方。当蜂扫沾蜜发黏时，将其浸入清水中涮干净，甩净水后再用。

（2）切割蜜盖 左手握着蜜脾的一个框耳，另一个框耳置于井字形木架或其他支撑点上，右手持刀紧贴蜜房盖从下向上顺势徐徐拉动，割去一面房盖，翻转蜜脾再割另一面，割完后送入分蜜机进行分离。

割下的蜜盖和分离的蜂蜜，用干净的容器（盆）承接起来，最后滤出蜡渣，滤下的蜂蜜作蜜蜂饲料或酿造蜜酒、蜜醋。

（3）分离蜂蜜 将割除蜜房盖的蜜脾置于分蜜机的框笼里，转动摇把，由慢到快，再由快到慢，逐渐停转，甩净一面后换面或交叉换脾，再甩净另一面。摇蜜速度以甩净蜂蜜而不甩动虫蛹和损坏巢脾为准。

遇有贮蜜多的新脾，先分离出一面的一半蜂蜜，甩净另一面后，再甩净初始的一面。在摇蜜时，放脾提脾要保持垂直平行，避免损坏巢房。

（4）归还巢脾 取完蜂蜜的巢脾，清除蜡瘤、削平巢房口后，立即返还蜂群。

219. 如何提高蜂蜜的产量和质量？

饲养强群、蜜源够用是提高蜂蜜产量的基础；选择无污染的蜜源场地放蜂，注意个人和蜂场环境卫生，生产成熟蜂蜜，是提高质量的主要措施。

220. 如何生产巢蜜？

巢蜜是把蜜蜂用花蜜酿造成熟贮满蜜房、泌蜡封盖的蜂蜜直接作为商品销售和食用。生产操作步骤如下。

（1）组装巢蜜框 巢蜜框架大小与巢蜜盒（格）配套，四角有钉子，高约 6 毫米。半边巢蜜盒，先将巢蜜框架平置在桌上，把巢蜜盒每两个盒底上下反向摆在巢框内，或将巢蜜格组装在框架中，再用 24 号铁丝沿巢蜜盒间缝隙竖捆两道，等待涂蜡；两面巢蜜格，直接组装到巢蜜框架中。

（2）镶础或涂蜡 盒底涂蜡，首先将纯净的蜜盖蜡加开水熔化，然后把盒子础板在被水熔化的蜂蜡里蘸一下，再放到巢蜜盒内按一下，整框巢蜜盒就涂好蜂蜡备用；为了生产的需要，涂蜡尽量薄少。格内镶础，先把巢蜜格套在格子础板上，再把切好的巢础置于巢蜜格中，用熔化的蜡液沿巢蜜格巢础座线将巢础粘固，或用巢蜜础轮沿巢础边缘与巢蜜格巢础座线滚动，使巢础与座线粘合。

（3）造脾与装蜜 利用生产前期蜜源修筑巢蜜脾，一般3～4天即可造好巢房。在巢箱上一次加两层巢蜜继箱，每层放3个巢蜜框架，上下相对，与封盖子脾相间放置。也可用十框标准继箱将巢蜜盒、格组放在特制的巢蜜格框内。

在每个巢蜜框（或巢蜜格支撑架）和小隔板的一面四角部位钉4个小钉子，每个钉头距巢框5～6毫米。相间安放巢框和隔板时，有钉的一面朝向箱壁，依次排列靠紧，最后用两根等长的木棒（或弹簧）在前后两头顶住最外侧隔板，另一头顶住箱壁，挤紧巢框，使之竖直、不偏不斜，蜂路一致。

若巢蜜格自带角柱，可直接与小隔板间隔排列。

（4）采收 巢蜜盒（格）贮满蜂蜜并全部封盖后，把巢蜜继箱从蜂箱上卸下来，放在其他空箱（或支撑架）上，用吹风机吹出蜜蜂（图77）。

图77　巢蜜生产（朱志强 摄）

（5）灭虫 用含量为56%的磷化铝片剂对巢蜜熏蒸，在相叠密闭的继箱内按20张巢蜜脾放1片药，进行熏杀，15天后可彻底杀灭蜡螟的卵、虫。

（6）修正 将灭过虫的巢蜜脾从继箱中提出，解开铁丝，用力推出巢蜜盒（格），然后用不锈钢刀逐个清理巢蜜盒（格）边沿和四角上的蜂胶、蜂蜡及污迹，对刮不掉的蜂胶等，用棉纱浸酒精擦拭干净，再盖上盒盖或在巢蜜格外套上盒子。

（7）裁切 如果生产的是整脾巢蜜，则须经过裁切和清除边沿蜂蜜后进行包装。

（8）包装与贮存 根据巢蜜的平整与否、封盖颜色、花粉有无、重量等进行分级和分类，剔除不合格产品，然后装箱。在每两层巢蜜盒之间放1张纸，防止盒盖磨损，再用胶带纸封严纸箱，最后把整箱巢蜜送到通风、干燥、清洁、温度20℃以下、室内相对湿度保持在

50%~75%的仓库中保存。按品种、等级、类型分垛码放，纸箱上标明防晒、防雨、防火、轻放等标志。

在运输巢蜜过程中，要尽量减少震动、碰撞，避免日晒雨淋，防止高温，缩短运输时间。

221. 如何管理巢蜜生产蜂群?

(1) 组织蜂群 单王生产群，在主要蜜源植物泌蜜开始的第二天调整蜂群，把继箱撤走，巢箱脾数压缩到6~7框，蜜粉脾提出（视具体情况调到副群或分离蜜生产群中）。巢箱内子脾按正常管理排列后，针对蜂箱内剩余空间用闸板分开，采用二、七分区管理法，小区做交配群。巢箱调整完毕，在其上加平面隔王板，隔王板上面放巢蜜箱。巢蜜箱中的巢蜜盒（格）框，蜂多群势好的多加，蜂少群势弱的少加，以蜂多于脾为宜。

(2) 叠加继箱 组织生产蜂群时加第一继箱，箱内加入巢蜜框后，应达到蜂略多于脾；待第一个继箱贮蜜60%时，蜜源仍处于流蜜盛期，及时在第一个继箱上加第二个继箱，同时把第一个继箱前、后调头；当第一个继箱的巢蜜房已封盖80%，将第一个巢蜜继箱与第二个调头后的继箱互换位置；若蜜源丰富，第二个继箱贮蜜已达70%，则可考虑加第三个继箱；第三个继箱直接放在前两个继箱上面，第一个继箱的巢蜜房完全封盖时，及时撤下。

(3) 控制分蜂 生产巢蜜的蜂群须用优良新王，及时更换老劣蜂王；加强遮阳通风；积极进行王浆生产。

(4) 控制蜂路 采用10框标准继箱生产整脾巢蜜时，蜂路控制在5~6毫米为宜；采用10框浅继箱生产巢蜜时，蜂路控制在7~8毫米为佳，脾与脾之间由隔板分开。

(5) 促进封盖 当主要蜜源即将结束，蜜房尚未贮满蜂蜜或尚未完全封盖时，需及时用同一品种的蜂蜜强化饲喂。没有贮满蜜的蜂群喂量要足，若蜜房已贮满等待封盖，可在每天晚上酌情饲喂。饲喂期间揭开覆布，以加强通风、排除湿气。

(6) 预防盗蜂 为被盗蜂群做一个长宽各1米、高2米，四周用尼龙纱围着的活动纱房，罩住被盗蜂群。被盗不重时，只罩蜂箱不罩巢门；被盗严重时，蜂箱、巢门一起罩上，开天窗让蜜蜂进出，待盗蜂离去、蜂群稳定后再搬走纱房。利用透明无色塑料布罩住被盗蜂群，亦可达到撞击、恐吓直至制止盗蜂的目的。

在生产巢蜜期间，各箱体不得前后错开来增加空气流通。

222. 生产成熟蜂蜜成本高吗？

一般来讲，同地区、同蜜源生产的蜂蜜，在常温下经过1周年贮存不发酵变质的，即可视为成熟蜂蜜。

有些蜜源花期生产成熟蜂蜜成本会有增加，譬如油菜；有些花期生产成熟蜂蜜成本并不一定增加，譬如荆条、枣树、椴树等。原因是这些蜜源分泌的花蜜本身浓度较高，一方面容易生产成熟蜂蜜、另一方面，蜜蜂食用成熟蜂蜜、采蜜能力增强，群势不易下降，从而弥补了产量。

多箱体养蜂生产成熟蜂蜜，相同条件下蜂群壮、不易得病，产量还有提高。

223. 蜂王浆的生产原理是什么？

模拟蜂群培育蜂王的特点，仿造自然王台和引诱蜜蜂分泌蜂王浆进行生产。具体说明如下。

自然情况下，蜂群长大后就计划分蜂（家），分蜂之前在脾下缘建造王台，蜂王在王台中产卵，年轻工蜂向王台中分泌大量的蜂王浆喂幼虫，将这个幼虫培养长成蜂王；如果一个蜂群中即没有蜂王，也没有王台，工蜂就会将3日龄内小幼虫的工蜂房改造成王台，并喂给大量的蜂王浆，将这条小幼虫培育成蜂王。

根据上述现象，人们模拟自然王台制作人工王台基——蜡碗或塑料台基（条），把3日龄内的工蜂小幼虫移入人工王台基内，置于蜂群无王区中。同时通过适当的管理措施使蜂群产生育王欲望（通过繁殖蜂群长大，再利用隔王板将蜂群分隔成有王区—繁殖区和无王区—

生产区），引诱工蜂分泌蜂王浆来喂幼虫，经过一定时间，待王台内积累蜂王浆量最多时，取出浆框，捡拾幼虫，把蜂王浆挖（吸）出来，贮存在容器中。这就是蜂王浆的一般生产原理。

224. 蜂王浆的生产如何操作？

（1）安装浆框 用蜡碗生产的，首先粘装蜡台基，每条 20～30 个。用塑料台基生产的，每框装 4～5 条（每条双排），用金属丝将其捆绑在浆框条上即可。

（2）工蜂修台 将安装好的浆框插入产浆群中，让工蜂修理 2～3 小时，即可取出移虫。碰掉的台基补上，啃坏的台基换掉。凡是第一次使用的塑料台基，须置于产浆群中修理 12～24 小时，正式移虫前，在每个台基内点上新鲜蜂王浆，可提高接受率。

（3）人工移虫 从供虫群中提出虫脾，左手提握框耳，轻轻抖动，使蜜蜂跌落箱中，再用蜂扫扫落余蜂于巢门前。将虫脾平放在承脾木盒中，使光线照到脾面上，再将取浆框（或王台基条）置于其上，转动待移虫的台基条，使台基口向上斜。选择巢房底部王浆充足、有光泽、孵化约 24 小时的工蜂幼虫，将移虫针的舌端沿巢房壁插入房底，从王浆底部越过幼虫，顺房口提出移虫针，带回幼虫，将移虫针端部送至台基底部，推动推杆，移虫舌将幼虫推向台基的底部，退出移虫针。

（4）插框 移好 1 框，将王台口朝下放置，及时加入生产群生产区中，引诱工蜂泌浆喂虫。暂时置于继箱的，上放湿毛巾覆盖，待满箱后同时放框；或将台基条竖立于桶中，上覆湿毛巾，集中装框，在下午或傍晚插入最适宜。

（5）补移幼虫 移虫 2～3 小时后，提出浆框进行检查，凡台中不见幼虫的（蜜蜂不护台）均需补移，使接受率达到 90%左右。

（6）收取浆框 移虫 62～72 小时后，在 13～15 时提出采浆框，捏住浆框一端框耳轻轻抖动，把上面的蜜蜂抖落于原处，用清洁的蜂刷拂落余蜂（图 78）。

收框时观察王台接受率、王台颜色和蜂王浆是否丰盈，如果王台内蜂王浆充足，可再加1条台基，反之，可减去1条台基。同时在箱盖上做上记号，比如写上“6条”、“10条”等字样，在下浆框时不致失误。

图78 提取浆框，清除蜜蜂
（龚一飞 摄）

(7) 削平房壁 用喷雾器从上框梁斜向下对王台喷洒少许冷水（勿对王台口），用割蜜刀削去王台顶端加高的房壁，或者顺塑料台基口割除加高部分的房壁，留下长约10毫米有幼虫和蜂王浆的基部，勿割破幼虫。

(8) 捡虫 削平王台后，立即用镊子夹住幼虫的上部表皮，将其拉出，放入容器，注意不要夹破幼虫，也不要漏捡幼虫。

(9) 挖浆 用挖浆橡胶铲顺房壁插入台底，稍旋转后提起，把蜂王浆刮带出台，然后刮入蜂王浆瓶（壶）内（瓶口可系1线，利于刮落），并重复一遍刮尽。

至此，生产蜂王浆的一个流程完成，历时2～3天。蜂王浆的生产由前一批结束开始第二批的生产时，取浆后尽可能快地把幼虫移入刚挖过浆还未干燥的前批台基内，将前批不被接受的蜡碗割去，在此位置补1个已接受的老蜡碗。如人员充足，应分批提浆框→分批取王浆→分批移幼虫→随时下浆框，循环生产。

(10) 包装与贮藏 生产出的蜂王浆及时用60目或80目滤网，经过离心或加压过滤〔养蜂场或收购单位严禁在久放或冷藏（冻）后过滤，防止10-HDA流失〕，按0.5千克、1千克和6千克分装入专用瓶或壶内并密封，存放在－25～－15℃的冷库或冰柜中贮藏。

蜂场野外生产，应在篷内挖1米深的地窖临时保存，上盖湿毛巾，并尽早交售。

蜡碗可使用6～7批次，塑料台基用几次后，应清理浆垢和残蜡一次，用清水冲洗后再继续使用。移虫时不挤碰幼虫，做到轻、快、稳、准，操作熟练，不伤幼虫和防止幼虫移位，速度3～5分钟移虫100条左右。补虫时可在未接受的台基内点一点鲜蜂王浆再移虫。

225. 如何组织蜂王浆生产群？

（1）大群产浆组织方法 春季提早繁殖，群势平箱达到 9～10 框，工蜂满出箱外，蜂多于脾时，即加上继箱，巢箱、继箱之间加隔王板，巢箱繁殖，继箱生产。

选产卵力旺盛的新王导入产浆群，维持强群群势 11～13 脾蜂，使之长期稳定在 8～10 张子脾、2 张蜜脾、1 张专供补饲的花粉脾（大流蜜后群内花粉缺乏时须迅速补足）。巢脾布置为巢箱 7 脾，继箱 4～6 脾。这种组织生产群的方式适宜小转地、定地饲养。春季油菜大流蜜期用 5 条 66 孔大型台基条取浆，夏秋用 3～4 条台基条取浆。

（2）小群产浆组织方法 平箱群蜂箱中间用立式隔王板隔开，分为产卵区和产浆区，两区各 4 脾，产卵区用 1 块隔板，产浆区不用隔板。浆框放产浆区中间，两边各 2 脾。流蜜期，产浆区全用蜜脾，产卵区放 4 张脾供产卵；无蜜期，蜂王在产浆区和产卵区 10 天一换，这样 8 框全是子脾。

226. 如何组织蜂王浆供虫群？

（1）虫龄要求 主要蜜源花期选移 15～20 小时龄的幼虫，在蜜、粉源缺乏时期则选移 24 小时龄的幼虫，同一浆框移的虫龄大小一定要均匀。

（2）虫群数量 早春将双王群繁殖成强群后，在拆除部分双王群时，组织双王小群——供虫群。供虫群占产浆群数量的 12%，例如，一个有产浆群 100 群的蜂场，可组织双王群 12 箱，共有 24 只蜂王产卵，分成 A、B、C、D 4 组，每组 3 群，每天确保有 6 脾适龄幼虫供移虫专用。

（3）组织方法 在组织供虫群时，双王各提入 1 框大面积正出房子脾放在闸板两侧，出房蜜蜂维持群势。A、B、C、D 4 组分 4 天依次加脾，每组有 6 只蜂王产卵，就分别加 6 框老空脾，老脾色深、房底圆，便于快速移虫。

小蜂场组织供虫群的方法是选择双王群，将一侧蜂王和适宜产卵的黄褐色巢脾（育过几代虫的）一同放入蜂王产卵控制器，蜂王被控制在空脾上产卵2～3天，第4天后即可取用适龄幼虫，并同时补加空脾。一段时间后，被控的蜂王与另一侧的蜂王轮流产适龄幼虫。

227. 如何管理蜂王浆供虫群？

（1）调用虫脾 向供虫群加脾供蜂王产卵和提出幼虫脾供移虫的间隔时间为4天，4组供虫群循环加脾和供虫，加脾和用脾顺序见表4。

表4 专用供虫群加脾和用脾顺序（天）

分组	加空脾供产卵	提出移虫	加空脾供产卵	调出备用	提出移虫	加空脾供产卵	调出备用
A	1_{P1}	5_{P1}	5_{P2}	6_{P1}	9_{P2}	9_{P3}	10_{P2}
B	2_{P1}	6_{P1}	6_{P2}	7_{P1}	10_{P2}	10_{P3}	11_{P2}
C	3_{P1}	7_{P1}	7_{P2}	8_{P1}	11_{P2}	11_{P3}	12_{P2}
D	4_{P1}	8_{P1}	8_{P2}	9_{P1}	12_{P2}	12_{P3}	13_{P2}

*P1、P2、P3分别表示第一次加脾、第二次加脾和第三次加脾。

春季气温较低时应在提出虫脾的当天下午17时加入空脾，夏天气温较高时应在次日上午7时加入空脾。

移虫后的巢脾返还蜂群，待第二天调出作为备用虫脾。移虫结束，若巢脾充足，将备用虫脾调到大群；否则，用水冲洗大小幼虫及卵，重新作为空脾使用。

（2）补充蜜蜂 长期使用的供虫群，按期调入成熟封盖子脾，撤出空脾，维持群势。

（3）加强饲喂 保持食物充足。

228. 如何管理蜂王浆生产群？

（1）双王繁殖，单王产浆 秋末用同龄蜂王组成双王群，繁殖适

龄健康的越冬蜂，为来年快速春繁打好基础。双王春繁的速度比单王快，加上继箱后采用单王群生产。

（2）换王选王，保持产量 蜂王年年更新，新王导入大群50～60天后鉴定其蜂王浆生产能力，将产量低的蜂王迅速淘汰再换上新王。

（3）调整子脾，大群产浆 春秋季节气温较低时提2框新封盖子脾保护浆框，夏天气温高时提1框脾即可。10天左右子脾出房后再从巢箱调上新封盖子脾，将出房脾返还巢箱以供产卵。

（4）维持蜜、粉充足，保持蜂多于脾 在主要蜜粉源花期，养蜂场应抓住时机大量繁蜂。无天然蜜粉源时期，群内缺粉少糖，要及时补足，最好喂天然花粉，也可用黄豆粉配制粉脾饲喂。方法是：黄豆粉、蜂蜜、蔗糖按10∶6∶3重量配制。先将黄豆炒至九成熟，用0.5毫米筛的磨粉机磨粉，按上述比例先加蜂蜜拌匀，将湿粉从孔径3毫米的筛上通过，形如花粉粒，再加蔗糖粉（1毫米筛的磨粉机磨成粉）充分拌匀灌脾，灌满巢房后用蜂蜜淋透，以便工蜂加工捣实，保证不变质。粉脾放置在紧邻浆框的一侧，这样，浆框一侧为新封盖子脾，另一侧为粉脾，5～7天重新灌粉一次。在蜂稀不适宜加脾时，也可将花粉饼（按上述比例配制，捏成团）放在框梁上饲喂。群内缺糖时，应在夜间用糖浆奖饲，确保哺育蜂的营养供给。

定地和小转地蜂场，在产浆群贮蜜充足的情况下，做到糖浆“二头喂”，即浆框插下去当晚喂一次，以提高王台接受率；取浆的前一晚喂一次，以提高蜂王浆产量。大转地产浆蜂场要注意蜜不能摇得太空，转场时群内蜜要留足，以防到下一个场地时下雨或者不流蜜，造成蜂群拖子，蜂王浆产量大跌。

（5）控制蜂巢温度和湿度 蜂巢中产浆区的适宜温度是35℃左右，相对湿度75%左右。气温高于35℃时，应将蜂箱放在阴凉的地方或在蜂箱上空架起凉棚，注意通风。必要时可在箱盖外浇水降温，最好是在副盖上放一块湿毛巾。

（6）蜂蜜和王浆分开生产 生产蜂蜜时间宜在移虫后的次日进行，或上午取蜜、下午采浆。

（7）分批生产 备四批台基条，第四批台基条在第一批产浆群下浆框后的第3天上午用来移虫，下午抽出第1批浆框时，立即将第四批移好虫的浆框插入，达到连续产浆。第一批浆框可在当天下午或傍晚取浆，也可在第3天早上取浆，取浆后上午移好虫，下午把第二批浆框抽出时，立即把第一批移好虫的浆框插入第二批产浆群中，如此循环，周而复始。

专业生产蜂王浆的养蜂场，应组织大群数10%的交配群，既培育蜂王又可与大群进行子、蜂双向调节，不换王时用交配群中的卵或幼虫脾不断调入大群哺养，快速发展大群群势。

229. 如何提高蜂王浆的产量和质量？

(1) 选用良种 中华蜜蜂泌浆量少，黄色意蜂泌浆量多。选择蜂王浆高产和10-HDA含量高的种群，培育产浆蜂群的蜂王。或引进王浆高产蜂种，然后进行育王，选育出适合本地区的蜂王浆高产种群。

(2) 强群生产 产浆群应常年维持12框蜂以上的群势，巢箱7脾，继箱5脾，长期保持7～8框四方形子脾（巢箱7脾，继箱1脾）。

(3) 下午取浆 下午取浆比上午取浆产量约高20%。

(4) 选择浆条 根据技术、蜂种和蜜源，选择圆柱形有色（如黑色、蓝色、深绿色等）台基条和适时增加或减少王台数量。一般12框蜂用王台100个左右，强群1框蜂放王台8～10个。外界蜜粉不足，蜂群群势弱，应减少放王台数量，防止10-HDA含量的下降，王台数量与蜂王浆总产量呈正相关，而与每个王台的蜂王浆量和10-HDA含量成负相关。

(5) 长期、连续取浆 早春提前繁殖，使蜂群及早投入生产。在蜜源丰富季节抓紧生产，在有辅助蜜源的情况下坚持生产，在蜜源缺乏但天气允许的情况下，视投入产出比，如果有利，喂蜜喂粉不间断生产，喂蜜喂粉要充足。

(6) 虫龄适中、虫数充足 利用副群或双王群，建立供虫群，适时培育适龄幼虫。48小时取浆，移48小时龄的幼虫；62小时取浆，

移36小时龄的幼虫；72小时取浆，移24小时龄内的幼虫。适时取浆，有助于防止蜂王浆老化或水分过大。

（7）饲料充足 选择蜜粉丰富、优良的蜜源场地放蜂。蜜粉缺乏季节，浆框放幼虫脾和蜜粉脾之间，在放入浆框的当晚和取浆的前1天傍晚奖励饲喂，保持蜂王浆生产群的饲料充足。对蜂群进行奖励时禁用添加剂饲料，以免影响蜂王浆的色泽和品质。

（8）加强管理，防暑降温 外界气温较高时浆框可放边二脾的位置，较低时应放中间位置。

（9）蜂群健康，防止污染 生产蜂群须健康无病，整个生产期和生产前1个月不用抗生素等药物杀虫治病。捡虫时要捡净，割破幼虫时，要把该台的蜂王浆移出另存或舍弃。

（10）保证卫生 严格遵守生产操作规程，生产场所要清洁、保证空气流通，所有生产用具应用75%的酒精消毒。生产人员身体健康，注意个人卫生，工作时戴口罩、着工作服、帽。取浆时不得将挖浆工具和移虫针插入其他物品中，盛浆容器务必消毒、洗净并晾干。整个生产过程尽可能在室内进行，禁止无关的物品与蜂王浆接触。

230. 蜂花粉的生产原理是什么？

蜜蜂采集植物的花粉，并在后足花粉篮中堆积成团带回蜂巢，在通过巢门设置的脱粉孔时其后足携带的两团花粉就被截留下来，待接粉盒积累到一定数量蜂花粉后，集中收集晾（烘）干。

植物开花时期，花粉成熟，花药散出。蜜蜂飞向成型的花朵，在花朵中跌打滚爬，用浑身的绒毛黏附花粉，然后飞起来用三对足将花粉梳集到后足的花粉篮中形成花粉团——蜂花粉，携带回巢。

231. 怎样安排脱粉时间？

一个花期，应从蜂群进粉略有盈余时开始脱粉，而在大流蜜开始时结束，或改脱粉为抽粉脾。一天当中，山西省大同地区的油菜花期、太行山区的野皂荚蜜源在7～14时脱粉；有些蜜源花期可全天脱粉（在湿度大、粉足、流蜜差的情况下）；有些只能在较短时间内脱粉，如玉米和莲花粉，只有在上午7～10时才能生产到较多的花粉。在一个花期内，如果蜜、浆、粉兼收，脱粉应在9点以前进行，下午生产蜂王浆，两者之间生产蜂蜜。当主要蜜源大泌蜜开始，要取下脱粉器，集中力量生产蜂蜜。

232. 怎样选择脱粉工具？

10框以下的蜂群选用二排的脱粉器，10框以上的蜂群选用三排及以上的脱粉器。西方蜜蜂一般选用4.8～4.9毫米孔径的脱粉器，例如，山西省大同地区的油菜花期、内蒙古的葵花花期、驻马店的芝麻花期和南方茶叶花期、四川蚕豆和板栗花期。4.6～4.7毫米孔径的适用于中蜂脱粉。

巢门生产蜂花粉，多用不锈钢丝与塑料或木制框架组成的脱粉器；箱底生产蜂花粉，脱粉器多用塑料制成。

233. 怎样收集蜂花粉？

先把蜂箱垫成前低后高，取下巢门档，清理、冲洗巢门及其周围的箱壁（板）；然后，把脱粉器紧靠蜂箱前壁巢门放置，堵住蜜蜂通往巢外除脱粉孔以外的所有空隙，并与箱底垂直（图79）。

图79　收集花粉

在脱粉器下安置簸箕形塑料集粉盒（或以覆布代替），脱下的花粉团自动滚落盒内，积累到一定量时，及时取出。

234. 怎样干燥蜂花粉？

晾晒在无毒干净的塑料布或竹席上，要均匀摊开花粉，厚度约

10毫米为宜，并在蜂花粉上覆盖一层绵纱布。晾晒初期少翻动，如有疙瘩时，2小时后用薄木片轻轻拨开。尽可能一次晾干，干的程度以手握一把花粉听到唰唰的响声为宜。若当天晾不干，应装入无毒塑料袋内，第二天继续晾晒或作其他干燥处理。

恒温干燥箱中干燥的方法是：把花粉放在烘箱托盘的衬纸上或托盘内棉纱布上，接通电源，调节烘箱温度至45℃，8小时左右即可收取保存。

对于莲花粉，须3小时左右晾干。

235. 怎样包装和贮存蜂花粉?

干燥后的蜂花粉用双层无毒塑料袋密封后外套编织袋包装，每袋40千克，密封，在交售前不得反复晾晒和倒腾。莲花粉须在塑料桶、箱中保存，内加塑料袋。此外，工厂或公司可用铝箔复合袋抽气充氮包装。在通风、干燥和阴凉的地方可以暂时贮存，在－5℃以下的库房中可长期保存。

236. 如何管理蜂花粉生产群?

在粉源丰富的季节，有5脾蜂的蜂群就可以投入生产，单王群8～9框蜂生产蜂花粉较适宜，双王群脱粉产量高而稳产。

（1）组织脱粉蜂群，优化群势 在生产花粉15天前或进入粉源场地后，有计划地从强群中抽出部分带幼蜂的封盖子脾补助弱群，使之在粉源植物开花时达到8～9框的群势，或组成10～12框蜂的双王群，增加生产群数。

（2）蜂王管理 使用良种、新王生产，在生产过程中不换王、不治螨、不介绍王台，这些工作要在脱粉前完成。同时要少检查、少惊动。

（3）选择巢门方向 春天巢向南，夏秋面向东北方向，巢口不能对着风口，避免阳光直射。

（4）蜂数足、繁殖好，协调发展 在开始生产花粉前45天至花期结束前30天有计划地培育适龄采集蜂，做到蜂群中卵、虫、蛹、蜂的比例正常，幼虫发育良好。

群势平箱8～9框，继箱12框左右，蜂和脾的比例相当或蜂略多于脾。

(5) 饲料供应 蜂巢内花粉够吃不节余或保持花粉略多于消耗。无蜜源时先喂好底糖（饲料），有蜜采进但不够当日用时，每天晚上喂，满足第二天糖蜜的消耗量，以促进繁殖和使更多的蜜蜂投入到采粉工作中去，特别是干旱天气更应每晚饲喂。

在生产初期，将蜂群内多余的粉脾抽出妥善保存；在流蜜较好进行蜂蜜生产时，应有计划地分批分次取蜜，给蜂群留足糖饲料，以利蜂群繁殖。

(6) 防止热伤，防止偏集 脱粉过程中若发现蜜蜂爬在蜂箱前壁不进巢、怠工，巢门堵塞，应及时揭开覆布、掀起大盖或暂时拿掉脱粉器，以利通风透气，积极降温，查明原因及时解决。气温在34℃以上时应停止脱粉。

若对全场蜂群同时脱粉，同一排蜂箱应同时安装或取下脱粉器，防止蜜蜂钻进他箱。

237. 什么是蜂粮？

蜂粮是由工蜂采集花粉经过唾液、乳酸菌等酿造贮藏在巢房中的固体物质，为蜜蜂的蛋白质食物。蜂粮的质量稳定、口感好，卫生指标高于蜂花粉，营养价值优于同种粉源的蜂花粉，易被人体消化吸收，而且不会引起花粉过敏症。

238. 蜂粮的生产原理是什么？

利用可拆卸和组装的蜂粮专用塑料巢脾，或使用纯净的蜜盖蜡轧制的巢础、无础线筑造的蜂粮专用蜡质巢脾，通过管理促使蜜蜂在其上贮藏花粉并酿造成蜂粮。塑料巢脾生产的是颗粒状的蜂粮，蜡质巢脾生产的是切割成各种造形的块状蜂粮。另外，生产蜂粮，还可参照

生产盒装巢蜜的方法，用巢蜜盒进行生产。

蜂粮专用蜡质巢脾造好后要让蜂王产卵，育 2～3 代虫，然后再用于蜂粮生产。

239. 怎样生产蜂粮?

（1）单王群生产蜂粮 用三框隔王栅和框式隔王板把蜂巢分成产卵区 A（包括巢箱 1、2、3 脾）、成熟区 C（继箱）和生产区 B（包括巢箱 4、5、6 脾）三部分，依次排列巢脾封盖子脾 1、大幼虫脾 2、正出房子脾或空脾 3、蜂粮脾 4、大幼虫脾 5、装满蜂蜜脾 6。然后加入蜂粮生产脾，约 1 周，视贮粉多少，及时提到继箱等待成熟，原位置再放蜂粮生产脾 1 张，并把 3 区巢脾调整如初。当 C 区蜂粮脾有部分蜂粮巢房封盖，即取出等待后继工序。

（2）双王群生产蜂粮 用框式隔王板把巢箱隔成三部分，若三部分相等，中间区的中央放无空巢房的虫脾或卵脾，其两侧放蜂粮生产脾；若中间区有两个脾的空间，则放两张蜂粮脾。继箱与巢箱之间加平面隔王板，继箱中放子脾、蜜脾和浆框（图 80）。当巢房贮存满蜂粮后及时提到继箱使之成熟，有部分蜂粮封盖后取出。

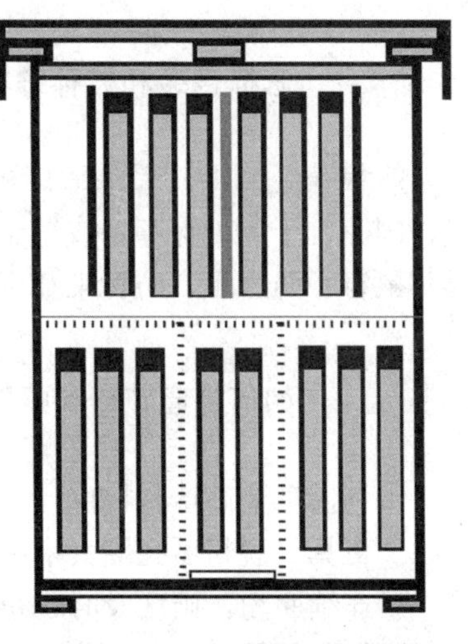

图 80　双王群生产蜂粮的蜂巢

（3）蜂粮的消毒灭虫 抽出的蜂粮脾用 75％的食用酒精喷雾消毒及用无毒塑料袋密封后，放在 −18℃的温度冷冻 48 小时，或用磷化铝熏蒸杀死寄生于其上的害虫。

（4）蜂粮的切割拆卸 经消毒和灭虫的蜂粮，在塑料巢脾内，先拆开收集，用无毒塑料袋包装后待售。在蜡质巢脾内的蜂粮，可用模具刀切成所需形状，用无毒玻璃纸密封后，再用透明塑料盒包装，标明品名、种类、重量、生产日期、食用方法等，即可出售或保存。

240. 怎样管理蜂粮生产蜂群?

生产蜂粮的蜂群，其管理措施与生产花粉的蜂群相似，其特殊要求如下：

①新王、预防分蜂热。新王、健康和无分蜂热的蜂群适合生产蜂粮。

②调整蜂粮脾位置。及时把装满花粉的蜂粮脾调到边脾或继箱的位置，让蜜蜂继续酿造，当有一部分巢房封盖即表示成熟，及时抽出。在原位置再放置蜂粮生产脾，以供贮粉，继续生产。

③提供产卵用巢脾。在产卵区，适时将产满卵的子脾调到蜂粮脾外侧，傍晚供给正出房的封盖子脾。

241. 怎样包装和贮存蜂粮?

蜂粮脾经消毒、灭虫后即可使用无毒塑料袋或盒包装，放在通风、阴凉、干燥处保存，或置于－5℃以下的冷库中贮藏。保存期间要防鼠害、防害虫、防污染和变质。

242. 如何提高花粉和蜂粮的产量和质量?

①利用王浆高产种群生产，使用年轻蜂王。

②工具（脱粉器孔圈大小和排数）合适，繁殖正常。

③连续脱粉，雨后及时脱粉。

④粉源植物丰富、优良。一群蜂应有油菜 3～4 亩、玉米 5～6 亩、向日葵 5～6 亩、荞麦 3～4 亩供采集，五味子、杏树、莲藕、茶叶、芝麻、栾树、葎草、虞美人、党参、西瓜、板栗、野菊花和野皂荚等蜜源花期，都可以生产蜂花粉。

⑤防污染和毒害。生产蜂花粉的场地要求植被丰富，空气清新，无飞沙与扬尘；周边环境卫生，无苍蝇等飞虫；远离化工厂、粉尘

厂；避开有毒有害蜜源。

⑥生产蜂群健康，不用病群生产。生产前冲刷箱壁，脱粉中不治螨，不使用升华硫。若粉源植物施药或遇刮风天气，应停止生产。晾晒花粉须罩纱网或覆盖纱布，防止飞虫光顾。

⑦防混杂和破碎。集粉盒面积要大，当盒内积有一定量的花粉时要及时倒出晾干，以免压成饼状。

在采杂粉多的时间段内和采杂粉多的蜂群，所生产的花粉要与纯度高的花粉分批收集，分开晾晒，互不混合。

243. 如何解决蜂蜜、花粉生产的矛盾?

生产花粉会影响采蜜，在有蜜有粉的蜜源场地，蜜蜂根据蜂群需要会作出采蜜和采粉的抉择，养蜂员要权衡利弊决定蜂蜜或花粉的生产；同时，大泌蜜期生产花粉会阻碍蜜蜂进出蜂巢，从而引起闷蜂反应。因此，同一时期花粉、花蜜都丰富的植物，泌蜜前期生产花粉，泌蜜期提取花粉脾或生产蜂粮，或在上午 10 点以前生产花粉，10 时以后让蜂采蜜。粉多蜜少以生产花粉为主，反之亦然。如青海油菜花期以生产花粉和王浆为主，河南荆条花前生产野皂荚花粉。

244. 蜂胶的生产原理是什么?

蜜蜂采集植物芽液，涂抹于蜂巢穴上方以及巢穴缝隙处，用于抑制微生物的生长与繁殖，以及清洁巢房、填补孔洞。在蜜蜂采胶季节，将有缝竹丝栅片或尼龙纱网置于蜂巢上方，待蜂胶积累到一定量时，取出，通过冷冻、抠刮或搓揉，将蜂胶取下。

245. 如何生产蜂胶?

（1）放置采胶工具 用尼龙纱网取胶时，在框梁上放 3 毫米厚的竹木条，把 40 目左右的尼龙纱网折叠双层或三层放在上面，再盖上盖布。检查蜂群时，打开箱盖，揭下覆布，然后盖上，再连同尼龙纱网一起揭掉，蜂群检查完毕再盖上（图 81、图 82）。或直接将双层尼龙纱网覆盖在副盖位置，可提高产量。

图 81　放置塑料纱网

图 82　塑料纱网积累蜂胶

用竹丝副盖集胶器或塑料副盖式集胶器取胶时，将其代替副盖使用即可，上盖覆布。在炎热天气，把覆布两头折叠 5～10 厘米，以利通气和积累蜂胶，转地时取下覆布，落场时盖上，并经常从箱口、框耳等积胶多的地方刮取蜂胶粘在集胶栅上。

不能颠倒使用副盖集胶器。

（2）采收蜂胶　利用聚积蜂胶器械生产蜂胶，待蜂胶积累到一定数量时（一般历时 30 天）即可采收。从蜂箱中取出尼龙纱网或副盖式集胶器，放冰箱冷冻后，用木棒敲击、挤压或折叠揉搓，使蜂胶与器物脱离。

取副盖式集胶器上的蜂胶，还可使用不锈钢或竹质取胶叉顺竹丝剔刮，取胶速度快，蜂胶可自然分离。

246. 如何管理蜂胶生产群？

蜂胶生产要求外界最低气温在 15℃以上，蜂场周围 2.5 千米范围内有充足的胶源植物；蜂群强壮（8 脾以上足蜂）、健康无病、饲料充足。在河南省，7～9 月为蜂胶主要生产期。

247. 怎样包装和贮存蜂胶？

将采收的蜂胶及时装入无毒塑料袋中，1千克为一个包装，于阴凉、干燥、避光和通风处密封保存，并及早交售。一个蜜源花期的蜂胶存放在一起，勿使混杂。袋上应标明胶源植物、时间、地点和采集人。一般当年的蜂胶质量较好，1年后蜂胶颜色加深、品质下降。

248. 如何提高蜂胶的产量和质量？

在胶源植物优质丰富或蜜、胶源都丰富的地方放蜂，利用副盖式集胶器和尼龙纱网连续积累。在生产前要对工具进行清洗消毒，刮除箱内的蜂胶；生产期间，不得用水剂、粉剂和升华硫等药物对蜂群进行杀虫灭菌；缩短生产周期，生产出的蜂胶及时清除蜡瘤、木屑、棉纱纤维、死蜂肢体等杂质，不与金属接触。不同时间、不同方法生产的蜂胶分别包装存放，包装袋要无毒并扎紧密封，标明生产起始日期、地点、胶源植物、蜂种、重量和生产方法等，严禁对蜂胶加热过滤和掺杂使假。

249. 蜂毒的生产原理是什么？

将具有电栅的采毒器置于副盖位置，或通过巢门插入箱底，接通电源，蜜蜂受到电流刺激，向采毒板攻击，并招引其他伙伴向采毒板聚集排毒。通电10分钟后，断开电源，待蜜蜂安静后，取回采毒器，刮下晶体蜂毒。

250. 如何采集蜂毒？

(1) 安置取毒器 取下巢门板，将取毒器从巢门口插入箱内30毫米或安放在副盖（应先揭去副盖、覆布等物）的位置上（图83）。

图 83 巢门取毒（缪晓青 摄）

（2）刺激蜜蜂排毒 按下遥控器开关，接通电源对电网供电，调节电流大小，给蜜蜂适当的电击强度，并稍震动蜂箱。当蜜蜂停留在电网上受到电流刺激，其螫刺便刺穿塑料布或尼龙纱布排毒于玻璃上，随着蜜蜂的叫声和刺螫散发的气味，蜜蜂向电网聚集排毒。

（3）停止取毒 每群蜂取毒 10 分钟，停止对电网供电，待电网上的蜜蜂离散后，把取毒器移至其他蜂群继续取毒。按下取毒复位开关，即可向电网重新供电，如此采集 10 群蜜蜂，关闭电源，抽出集毒板。

（4）刮集蜂毒 将抽出的集毒板置阴凉的地方风干，用牛角片或不锈钢刀片刮下玻璃板或薄膜上的蜂毒晶体，即得粗蜂毒。

蜂毒的气味对人体呼吸道有强烈的刺激性，蜂毒还能作用于皮肤，因此，刮毒人员应戴口罩和乳胶手套，以防发生意外。

251. 如何管理蜂毒生产群？

（1）取毒蜂群的条件 有较强的群势，青壮年蜂多，蜂巢内食物充足。

（2）安排好取毒时间 电取蜂毒一般在蜜源大流蜜结束时进行，选择温度 15℃以上的无风或微风的晴天，傍晚或晚上取毒，每群蜜

蜂取毒间隔时间15天左右。专门生产蜂毒的蜂场，可3～5天取毒一次。

（3）预防蜂蜇 选择人、畜来往少的蜂场取毒，操作人员应戴好蜂帽、穿好防螫衣服，不抽烟，不使用喷烟器开箱；隔群分批取毒，一群蜂取完毒，让它安静10分钟再取走取毒器。蜂群取毒后应休息几日，使蜜蜂受电击造成的损伤恢复。

在春季，每隔3天取毒1次，连续取毒10次，对蜂蜜和蜂王浆的生产有影响；蜜蜂排毒后，抗逆力下降。

252. 怎样包装和贮存蜂毒?

取下蜂毒后，使用硅胶将其干燥至恒重，再放入棕色小玻璃瓶中密封保存，或置于无毒塑料袋中密封，外套牛皮纸袋，置于阴凉干燥处贮藏。

253. 如何提高蜂毒的产量和质量?

①选用合适的取毒器。

②定期连续取毒，可提高产量。

③严防污染。取毒前，将工具清洗干净，彻底消毒。工作人员要注意个人卫生和劳动防护，生产场地洁净，空气清新。蜂群健康无病。选用不锈钢丝做电极的取毒器生产蜂毒，要防止金属污染；傍晚或晚上取毒，不用喷烟的方法防蜂蜇，以防污染蜜水；刮下的蜂毒应干燥以防变质。

254. 蜂蜡的生产原理是什么?

把蜜蜂分泌蜡液筑造的巢脾，利用加热的方法使之熔化，再通过压榨、上浮或离心等程序，使蜡液和杂质分离，蜡液冷却凝固后，再重新熔化浇模成型，即成固体蜂蜡。

蜜蜂蜡腺分泌的蜡液是白色的，但由于花粉、育虫等原因，蜂蜡的颜色有乳白、鲜黄、黄、棕、褐几种颜色。

255. 如何榨取蜂蜡?

①对所获原料进行分级，并捡拾机械杂质。赘脾、野生蜂巢、蜜房盖和加高的王台壁为一类原料，旧脾为二类原料，其他诸如蜡瘤和病脾等为三类原料。分类后，先提取一类蜡，按序提取，不得混杂。

②熔化前将蜂蜡原料用清水浸泡 2 天，提取时可除掉部分杂质，并使蜂蜡色泽鲜艳。

③将蜂蜡原料置于熔蜡锅中（事前向锅中加适量的水），然后供热，使蜡熔化，熔化后保温 10 分钟左右。

④将已熔化的原料蜡连同水一并倒入特制的麻袋或尼龙纱袋中，扎紧袋口，放在榨蜡器中，以杠杆的作用加压，使蜡液从袋中通过缝隙流入盛蜡容器内，稍凉，撇去浮沫。

⑤待蜡液凝固后即成毛蜡，用刀切削，将上部色浅的蜂蜡和下面色暗的物质分开。

⑥将已进行分离、色浅的蜂蜡重新加水熔化，再次过滤和撇开气泡，然后注入光滑而有倾斜度边的模具，待蜡块完全凝固后反扣，卸下蜡板，此时的蜂蜡是毛蜡。

图 84 蜡 板

毛蜡进入工厂后，再经过加热、板框加压过滤等工序，加工成颜色一致的白蜡或黄蜡（图 84），成方块或仔粒状。

256. 如何管理蜂蜡生产群?

饲养强群，多造新脾，淘汰旧脾；大流蜜期加宽蜂路，让蜜蜂加高巢房，做到蜜、蜡兼收。

生产蜂蜡会影响蜂蜜生产的观点是错误的，在主要蜜源开花期，适当造脾可刺激工蜂采蜜，另外，还可减少疾病。

257. 怎样包装和贮存蜂蜡？

把蜂蜡进行分等分级，以 25 千克或按合同规定的重量为一个包装单位，用麻袋包装。麻袋上应标明时间、等级、净重、产地等，贮存在干燥、卫生、通风好，无农药、化肥、鼠虫的仓库（室内），堆垛码好。

258. 如何提高蜂蜡的产量和质量？

平时搜集蜂巢中的赘脾和加高的王台房壁等，增加蜂蜡产量；对蜂蜡进行分类分别提取，严禁在榨蜡过程中添加硫酸等异物；蜂蜡再过滤和成形过程中杜绝添加其他物质。

259. 蜜蜂虫、蛹的生产原理是什么？

蜜蜂是完全变态昆虫，其个体发育经过卵、虫、蛹和成虫 4 个阶段。蜂虫泛指蜜蜂幼虫和蛹，即我国古代所谓的“蜜蜂子”，现代养蜂主要生产蜂王幼虫和雄蜂的虫、蛹。

雄蜂幼虫是从蜂王产下未受精卵算起，发育生长到 10 天前后的虫体；雄蜂蛹是从蜂王产下未受精卵算起，生长发育到 20～22 天的虫体。生产雄蜂蛹、虫的两个重要环节，一是取得日龄一致的雄蜂卵脾，二是把雄蜂卵培育成雄蜂蛹、虫。

260. 如何获得蜂王幼虫？

蜂王幼虫是生产蜂王浆的副产品，其采收过程即是取浆工序中的捡虫环节，每生产 1 千克蜂王浆，可收获 0.2～0.3 千克蜂王幼虫，每群意蜂每年生产蜂王幼虫 2～3 千克（图 85）。

图 85　蜂王幼虫

261. 如何生产雄蜂蛹虫？

(1) 用标准巢框横向拉线，再在上梁和下梁之间拉两道竖线，然后，将雄蜂巢础镶嵌进去，或用 3 个小巢框镶装好巢础，组合在标准巢框内，然后将其放入强群中修造，适当奖励饲喂，每个生产群配备 3 张雄蜂巢脾。

(2) 在双王群中，将蜂王产卵控制器安放在巢箱内一侧中的幼虫和封盖子脾之间，内置雄蜂脾，次日下午将蜂王捉放入控制器内，36 小时后抽出雄蜂脾，调到继箱或哺育群中孵化、哺育。

两王轮换产雄蜂卵。

(3) 在蜂王产卵 36 小时，将雄蜂脾抽出（若为雄蜂小脾，3 张组拼后镶装在标准巢框内），置于强群继箱中哺育，雄蜂脾两侧分别放工蜂幼虫脾和蜜粉脾。

抽出雄蜂卵脾后，在原位置再加 1 张空雄蜂脾，让蜂王继续产卵。以雄蜂幼虫取食 7 天为一个生产周期，一个供卵群可为 2～3 个生产群提供雄蜂虫脾。

(4) 从蜂王产卵算起，在第 10 天和在第 20～22 天采收雄蜂虫、蛹为适宜时间。

(5) 采收方法是将雄蜂蛹脾从哺育群内提出，脱去蜜蜂，或从恒温恒湿箱中取出（雄蜂子脾全部封盖后放在恒温、恒湿箱中化蛹的），把巢脾平放在井字形架子上（有条件的可先把雄蜂脾放在冰箱中冷冻几分钟）；用木棒敲击巢脾上梁和边条，使巢房内的蛹下沉；然后用

平整锋利的长刀把巢房盖削去，再把巢脾翻转，使削去房盖的一面朝下（下铺白布或竹筛作接蛹垫）；用木棒或刀把敲击巢脾四周，使巢脾下面的雄蜂蛹震落到垫上，同时上面巢房内的蛹下沉离开房盖；按上法把剩下的一面房盖削去，翻转、敲击，震落蜂蛹（图 86）。敲不出的蛹或幼虫用镊子取出。

图 86　雄蜂蛹

采收雄蜂幼虫的方法是将雄蜂虫脾从哺育群中抽出，抖落蜜蜂，摇出蜂蜜，削去 1/3 巢房壁后，放进室内，让雄蜂幼虫向外爬出，落在设置的托盘中。

(6) 取蛹后的巢脾用磷化铝熏蒸后重新插入供卵群，让蜂王产卵，继续生产。生产期结束后，对雄蜂巢脾消毒和杀虫后，妥善保存。

每群意蜂每次每脾可获取雄蜂蛹 0.6 千克，全年可生产 6 千克左右。生产雄蜂蛹还可兼顾捕杀蜂螨，降低蜂螨的寄生率。

262. 如何管理雄蜂蛹虫供卵群？

在供虫群组织 1 周后，把小区内的 2 张工蜂脾提出，重新加入整张的卵虫和新封盖子脾，子脾由副群补充，适当的时候让蜂王产一些受精卵，以弥补群势的下降。处女王群可直接补充幼蜂或补充子脾来维持群势。如果是双王群，就用蜂王产卵控制器迫使一侧蜂王产雄蜂卵一段时间后，与另一侧蜂王交替轮流产雄蜂卵。

在非流蜜期，对供卵群须进行奖励饲喂。在低温季节加强保温，高温时期做好遮阳、通风和喂水工作。

263. 如何管理雄蜂蛹虫生产群？

哺养群要求健康无病，蜂螨寄生率低，群势在 12 框蜂以上，巢内饲料充足。在非流蜜期，对哺育群须进行奖励饲喂。在低温季节加强保温，高温时期做好遮阳、通风和喂水工作。

264. 怎样包装和贮存蜜蜂蛹?

雄蜂蛹、虫易受内、外环境的影响而变质。新鲜雄蜂蛹中的酪氨酸酶易被氧化，在短时间内可使蛹体变黑；新鲜雄蜂虫和蜂王幼虫胴体逐渐变红至暗，失去商品价值。因此，蜜蜂虫、蛹生产出来后，应立即捡去割坏或不合要求的虫体，并用清水漂洗干净后妥善贮存（蜂王幼虫不得冲洗）。雄蜂蛹的保存方法有如下几种，

（1）冷冻法 用80%的食用酒精对雄蜂蛹喷洒消毒，然后用不透气的聚乙烯透明塑料袋或塑料盒分装，每袋0.5千克或1千克，排除袋内空气，密封，并立即放入－18℃的冷柜中冷冻保存。

（2）淡干法 把经过漂洗的雄蜂蛹倒入蒸笼内衬纱布上，用旺火蒸10分钟，使蛋白质凝固，然后烘干或晒干；也可以把蒸好的蛹的体表水甩掉，装入聚乙烯透明塑料袋中冷冻保存。

（3）盐渍法 取蛹前将含盐10%～15%的盐水煮沸备用。将取出的雄蜂蛹经漂洗后倒入锅内，大火烧沸，煮15分钟左右，捞出甩掉盐水，摊平晾干。煮后的盐水如重复利用，每次依加水的重量按比例添加食盐。晾干后的盐渍雄蜂蛹用聚乙烯透明塑料袋包装（1千克/袋）后在－18℃以下冷冻保存，或者装入纱布袋内挂在通风阴凉处待售。

用盐处理的雄蜂蛹为乳白色，蛹体较硬，盐分难以除去。

265. 怎样包装和贮存蜜蜂虫?

（1）低温保存 蜂王和雄蜂幼虫用透明聚乙烯袋或盒包装后，及时存放在－18℃的冷库或冰柜中保存。

（2）冷冻干燥 利用匀浆机把幼虫或蛹粉碎匀浆后过滤，经冷冻干燥后磨成细粉，密封在聚乙烯塑料袋中保存，备用。

266. 如何提高蜂蛹和幼虫的产量和质量?

利用双王群进行雄蜂虫、蛹的生产，保证食物充足，连续生产。生产雄蜂蛹，从卵算起，20～22 天为一个生产周期，强群 7～8 天可哺养 1 脾。雄蜂房封盖后调到副群或集中到恒温、恒湿箱中化蛹，恒温、恒湿箱的温度控制在 34～35℃，相对湿度控制在 75%～90%。

所有生产虫、蛹的工具和容器都要清洗消毒，防止污染；保证虫、蛹日龄一致，去除被破坏的和不符合要求的虫、蛹。生产场所要干净，有专门的符合规定的采收车间；工作人员要保持卫生，着工作服、帽和戴口罩；不用有病群生产；生产的虫、蛹要及时进行保鲜处理和冷冻保存。

267. 蜜蜂有哪些种类?

蜜蜂在分类学上属于节肢动物门（Arthropoda）、昆虫纲（Insecta）、膜翅目（Hymenoptera）、蜜蜂科（Apidae）、蜜蜂属（*Apis*）。属下有 9 个种（表 5），根据进化程度和酶谱分析，以西方蜜蜂最为高级，东方蜜蜂次之，黑小蜜蜂最低。

表 5　蜜蜂属下的 9 个种

种　名	拉丁名	命名人	命名时间
西方蜜蜂	*Apis mellifera*	Linnaeus	1758
小蜜蜂	*A. florea*	Fabricius	1787
大蜜蜂	*A. dorsata*	Fabricius	1793
东方蜜蜂	*A. cerana*	Fabricius	1793
黑小蜜蜂	*A. andreniformis*	Smith	1858
黑大蜜蜂	*A. laboriosa*	Smith	1871
沙巴蜂	*A. koschevnikovi*	Buttel-Reepeen	1906
绿努蜂	*A. nulunsis*	Tingek，Koeniger's	1998
苏拉威西蜂	*A. nigrocincta*	Smith	1871

东方蜜蜂和西方蜜蜂是人类饲养的主要蜂种。

268. 蜜蜂有哪些特点？

蜂群由蜂王、雄蜂和工蜂组成，各种蜂社会分工明确。蜂王专司产卵，雄蜂专司交配，工蜂专司劳动。工蜂泌蜡建造六棱柱体巢房构成巢脾，由巢脾组成蜂巢。蜜蜂通过信息物质和舞蹈进行信息交流，以花蜜和花粉为食。

269. 野生蜜蜂有哪些？

除东方蜜蜂和西方蜜蜂外，其他都是野生种群。

东方蜜蜂分布于亚洲，主要包括中华蜜蜂、日本蜜蜂、印度蜜蜂等亚种。西方蜜蜂起源于欧洲，分布于全球人类居住区域，主要有意大利蜂、卡尼鄂拉蜂、高加索蜂、欧洲黑蜂等亚种，我国有东北黑蜂、新疆黑蜂和浙江浆蜂等地理品系。

图 87　大蜜蜂建筑在大树上的蜂巢

沙巴蜂多数野生，少数用椰筒饲养，工蜂体略红色，分布于加里曼丹岛和斯里兰卡。小蜜蜂、黑小蜜蜂、大蜜蜂和黑大蜜蜂都处于野生状态，是宝贵的蜂种资源，除被人类猎取一定数量的蜂蜜和蜂蜡外，对植物授粉、维持生态平衡具有重要贡献。野生蜜蜂的护脾能力强，在蜜源丰富季节性情温驯，蜜源缺少时期性凶暴。为适应环境和生存有来回迁移习性，其生存概况见表 6。

表6 我国主要野生蜜蜂种群概况

项目	小蜜蜂	黑小蜜蜂	大蜜蜂	黑大蜜蜂
俗名		小草蜂	排蜂	雪山蜜蜂及岩蜂
分布	云南境内北纬26°40′以南，广西南部的龙州、上思	云南西南部	云南南部、金沙江河谷和海南岛、广西南部	喜马拉雅山脉、横断山脉地区和怒江、澜沧江流域，包括我国云南西南部和东南部、西藏南部
习性	栖息在海拔1 900米以下的草丛或灌木丛中，露天营单一巢脾的蜂巢，总面积225～900厘米^2，群势可达万只蜜蜂	生活在海拔1 000米以下的小乔木上，露天营单一巢脾的蜂巢，总面积177～334厘米^2	露天筑造单一巢脾的蜂巢，在树上或悬崖下常数群或数十群相邻筑巢，形成群落聚居。巢脾长0.5～1.0米、宽0.3～0.7米	在海拔1 000～3 500米活动，露天筑造单一巢脾的蜂巢，附于悬岩。巢脾长0.8～1.5米、宽0.5～0.95米。常多群在一处筑巢，形成群落。攻击性强
价值	猎取蜂蜜1千克，可用于授粉	割脾取蜜，每群每次获蜜0.5千克，每年采收2～3次。是热带经济作物的重要传粉昆虫。	是砂仁、向日葵、油菜等作物和药材的重要授粉者。每年每群可获取蜂蜜25～40千克和一批蜂蜡	每年秋末冬初，每群黑大蜜蜂可猎取蜂蜜20～40千克和大量蜂蜡；同时，大蜜蜂是多种植物的授粉者

270. 蜜蜂有哪些近亲?

以花蜜花粉为食的主要有麦蜂、无刺蜂、切叶蜂、熊蜂、壁蜂等。

(1) 麦蜂 属麦蜂属，野生。群体小，贮蜜巢房较育虫巢房大，前者呈球状或不规则状，单层排布；后者呈葡萄状或发展成圆柱形，相连成片，片与片从上向下分层排列。

(2) 无刺蜂 属无刺蜂属，处于野生状态。群势小，为小型蜂种，体长3～10毫米，有采花粉构造。在土表层、墙洞、树洞内等营群体生活，育虫巢房比贮蜜粉巢房小，呈葡萄状或发展成圆柱形，并紧连成片，片与片之间自上而下分层排列；蜜粉房呈球状或不规则。

贮蜜量小且品质酸劣，其蜜蜡当地传统作为药用，产品的经济意义不大。是砂仁等植物的授粉昆虫。

（3）切叶蜂 切叶蜂属，野生，为独栖蜂。体型中到大型，多为黑色，密被长体毛，口器发达，中唇舌长。一年1～2代，以末龄幼虫越冬，翌年春季化蛹羽化，体型中到大型，多为黑色，密被长绒毛，口器发达，中唇舌长。该属蜂种用上颚切下蔷薇科和豆科植物叶片，并将数个叶片卷成筒状，放在中空植物茎秆或土洞、木洞中筑成巢室，巢室底部填入花粉和花蜜混合物，在其上产卵，顶部再用切下的圆形叶片密封。第二个巢室筑于第一个巢室之上。本属中重要授粉昆虫有苜蓿切叶蜂、淡翅切叶蜂和北方切叶蜂。对苜蓿授粉具有重要价值。

（4）熊蜂 属熊蜂属，野生或人工驯养，为独栖蜂。活动季节营群体生活，大小数十只到数百只不等。越冬期间，蜂王独自冬眠。熊蜂体粗壮，中型到大型，全身密被黑色、黄色、白色等色泽的长体毛。杂食性，喙长，口器发达，中唇舌较长。后足具花粉篮。一般在土表筑巢，少数在深层土中筑巢，巢窝零乱。贮蜜粉巢房与育虫巢房分开，蜜粉巢房呈圆钵状，较大；育虫巢房较小，呈葡萄状，密集成堆（图88）。寿命和日采集时间较长，采集力旺盛。一年一代。对低温、低光密度适应性强，趋光性差，信息交流系统不如家养蜜蜂发达，声震大。熊蜂采蜜量少且蜜质酸劣，其蜜、蜡在当地传统作为药用。熊蜂是豆科和茄科植物重要且十分有效的授粉者，是温室作物和长花管植物的理想授粉传媒，经熊蜂授粉，温室番茄可增产30%以上。

图88　人工饲养的熊蜂

目前，世界各国人工饲养并用于温室授粉的熊蜂有*Bombus terrestris*、明亮熊蜂（*B. lucorum*）、红光熊蜂（*B. ingnitus*）等，群势较大，易于人工饲养。工厂化繁育熊蜂用于出售授粉已成为荷兰、以色列等国的一个新兴产业。

（5）壁蜂 属壁蜂属，野生或人工驯养，为独栖蜂。活动季节营群体生活，大小数十只到数百只不等；越冬期间，雌蜂独自冬眠。壁

蜂体型小到中等，雌性成蜂腹部腹面具有多排排列整齐的腹毛，被称为“腹毛刷”，是各种壁蜂的采粉器官。成蜂体黑色，有些壁蜂种类具有蓝色光泽。一年一代，耐低温。喜欢在石缝、土墙孔洞、砖瓦下、芦苇管、纸管内筑巢，可人工收回饲养。成虫工作时间约60天。雌蜂职能是为后代筑巢，采集食料；雄蜂专司交配，雌、雄个体只有性别差异，大小相似。壁蜂已被人们开发应用于杏、苹果、桃、樱桃、梨等果树授粉。主要有凹唇壁蜂（*O. excavata* Alfken）、角额壁蜂（*O. cormfrons* R.）等，其中凹唇壁蜂繁殖快、群势大，授粉效果较为明显。试验表明，杏经该蜂授粉可增产69%。

271. 我国有哪些蜜蜂良种？

我国主要饲养的蜂种有中华蜜蜂和意大利蜂，其次是卡尼鄂拉蜂和高加索蜂。另外，经过人工选育，还形成了东北黑蜂、新疆黑蜂和浙江浆蜂等地方品种。

272. 中华蜜蜂有何特点？

中华蜜蜂原产地为中国，简称中蜂，以定地饲养为主，有活框饲养的，也有桶养和窑养的。我国中蜂主要生活在山区，集中在南方，约有350万群。

中蜂体型中等，工蜂体长9.5～13毫米，在热带、亚热带其腹部以黄色为主，温带或高寒山区的品种多为黑色。蜂王体色有黑色和棕色两种；雄蜂体黑色。野生状态下，蜂群栖息在岩洞、树洞等隐蔽场所，复脾穴居。雄蜂巢房封盖像斗笠，中央有一个小孔，暴露出茧衣。蜂王每昼夜产卵900粒左右，群势在1.5万～3.5万只，产卵有规律，饲料消耗少。工蜂采集半径1～2千米，飞行敏捷。工蜂在巢穴口扇风头向外，把风鼓进蜂巢。嗅觉灵敏，早出晚归，每天采集时间比意蜂多1～3小时，比较稳产。个体耐寒力强，能采集冬季蜜源，如南方冬季的野桂花、枇杷等。蜜房封盖为干性。中蜂分蜂性强，多数不易维持大群，常因环境差、缺饲料和被病敌危害而举群迁徙。抗大、小蜂螨、白垩病和美洲幼虫腐臭病，易被蜡螟危害，在春秋易感染囊状幼虫病。不采胶。

小资料：中蜂主要生产蜂蜜、蜂蜡产品，每群每年可采蜜 10～50 千克，蜂蜡 350 克，另外授粉效果显著。2011 年《中国畜禽遗传资源志　蜜蜂志》中，将中蜂分为北方中蜂、华南中蜂、华中中蜂、云贵高原中蜂、长白山中蜂、滇南中蜂、海南中蜂、阿坝中蜂、西藏中蜂 9 个地方品种。《全国养蜂业“十二五”发展规划》要求，“十二五”结束饲养中蜂数量达到 350 万群。

273. 意大利蜂有何特点？

意大利蜂原产地中海中部意大利的亚平宁半岛，属黄色蜂种，简称意蜂。意蜂适宜生活在冬季短暂、温和、潮湿而夏季炎热、蜜源植物丰富且流蜜期长的地区。活框饲养，适于追花夺蜜，突击利用南北四季蜜源。我国广泛饲养，约占西方蜜蜂饲养量的 80%，全国西方蜜蜂约有 650 万群。

意蜂工蜂体长 12～13 毫米，毛色淡黄。蜂王颜色为橘黄至淡棕色。雄蜂腹部背板颜色为金黄有黑斑，其毛色淡黄。意蜂性情温和，不怕光。蜂王每昼夜产卵 1 800 粒左右，子脾面积大，雄蜂封盖似馒头状；春季育虫早，夏季群势强。善于采集持续时间长的大蜜源，在蜜源条件差时易出现食物短缺现象。泌蜡力强，造脾快。泌浆能力强，善采集、贮存大量花粉。蜜房封盖为中间型，蜜盖洁白。分蜂性弱，易维持大群。盗力强，卫巢力也强。耐寒性一般，以强群的形式越冬，越冬饲料消耗大。工蜂采集半径 2.5 千米，在巢穴口扇风头朝内，把蜂巢内的空气抽出来。具采胶性能。在我国意蜂常见的疾病有美洲幼虫腐臭病、欧洲幼虫腐臭病、白垩病、孢子虫病、麻痹病等，抗螨力差。

在刺槐、椴、荆条、油菜、荔枝、枣、紫云英等主要蜜源花期中，一个生产群日采蜜 5 千克左右，一个花期采蜜超过 50 千克，全年生产蜂蜜可达 150 千克。经过选育的优良品系，一个强群 3 天（一个产浆周期）生产蜂王浆超过 300 克，年群产浆量 12 千克；在优良的粉源场地，一个管理得法的蜂场，群日收集花粉高达 2 300 克。另

外，意蜂还适合生产蜂胶、蜂蛹以及蜂毒等。意蜂是主要农作物区主要的授粉昆虫。

小资料：《全国养蜂业“十二五”发展规划》要求，“十二五”结束饲养西（意）蜂数量达到650万群。目前，我国蜂群约有1 000万群，其中西（意）蜂数量650万群以上，已实现“十二五”规划要求。

274. 欧洲黑蜂有何特点?

欧洲黑蜂简称黑蜂，原产阿尔卑斯山以西和以北的广大欧洲地区。我国未引进。

欧洲黑蜂个体大，腹部宽，背板、几丁质呈均一的黑色。工蜂体长12～15毫米，腹部粗壮。性情凶暴，怕光，开箱检查时爱蜇人。蜂王产卵力强，蜂群哺育力差，春季发展平缓，夏、秋季群势强。采集勤奋，节约饲料，善于采集流蜜期长的大蜜源，在蜜源条件差时，较其他蜜蜂勤俭。泌蜡造脾能力较强，蜜房封盖为干型或中间型。采集利用蜂胶较多。定向力强，不易迷巢，卫巢力差。耐寒性强，以强群的形式越冬，越冬饲料消耗少。易感染幼虫病和被巢虫为害，抗孢子虫病和抗甘露蜜中毒的能力强于其他蜂种。

欧洲黑蜂可用于蜂蜜生产，是较好的育种（杂交）素材。

275. 卡尼鄂拉蜂有何特点?

卡尼鄂拉蜂简称卡蜂，原产于阿尔卑斯山南部和巴尔干半岛北部的多瑙河流域，适宜生活在冬季严寒而漫长、春季短而花期早、夏季不太热的自然环境中。我国约有10%的蜂群为卡蜂或具有卡蜂血统，转地饲养。

卡蜂腹部细长，几丁质为黑色。工蜂绒毛灰至棕灰色。蜂王腹部背板为棕色，背板后缘有黄色带。雄蜂为黑色或灰褐色。卡蜂性情温和，不怕光，提出巢脾时蜜蜂安静。春季群势发展快，夏季高温繁殖差，秋季繁殖下降快，冬季群势小。善于采集春季和初夏的早期蜜源，能利用零星蜜源，节省饲料。泌蜡能力一般，蜜房封盖为干型，蜜盖白色。分蜂性强，不易维持大群。抗螨力弱，抗病力与意蜂相似。

卡蜂蜂蜜产量高、蜂王浆产量低。

276. 高加索蜂有何特点？

高加索蜂简称高蜂，原产于高加索中部的高山谷地，适合生活在冬季不太寒冷、夏季较热、无霜期长、年降水量较多的环境中。我国少量饲养。

高蜂几丁质为黑色。灰色高蜂蜂王黑色。雄蜂胸部绒毛为黑色。工蜂体长 12～13 毫米。高蜂性情温驯，不怕光，提出巢脾时蜜蜂安静。蜂王产卵力较弱，工蜂育虫积极，春季群势发展平稳缓慢，夏季群势较大，常出现蜂王自然交替现象。善于利用较小而持续时间较长的蜜源。采集勤奋，节省饲料。泌蜡造脾能力一般，爱造赘脾。蜜房封盖为湿型，色暗。采胶性能好，盗性强。易遭受甘露蜜毒害和易感染孢子虫病。

高加索蜂采蜜能力比欧洲黑蜂强，蜂胶产量高。

277. 东北黑蜂有何特点？

东北黑蜂是具有黑蜂、卡蜂血统的杂交蜂种，集中分布在黑龙江省东部的饶河、虎林和宝青一带，为我国东北黑蜂保护区，现有东北黑蜂原种群 3 000 群。

东北黑蜂的蜂王有两种类型：一种全部为黑色，另一种腹部第 1～5 节背板有褐色的环纹，两种类型蜂王的绒毛都呈黄褐色。雄蜂体黑色。工蜂几丁质全部为黑色，或第 2～3 腹节背板两侧有较小的黄斑，胸部背板上的绒毛呈黄褐色。工蜂体长 12～13 毫米。东北黑蜂不怕光，提出巢脾时蜂王照常产卵，但工蜂较爱蜇人。蜂王日产卵量 950 粒左右，产卵整齐、集中。春季育虫早，蜂群发展快，分蜂性较弱，夏季群势可达 14 框蜂。采集力强，善于采集流蜜量大的蜜源，也能利用早春和晚秋的零星蜜源，对长花管的蜜源利用较差。节省饲料。蜜房封盖为中间型，蜜盖常一边呈深色（褐色），另一边呈黄白

色。采胶少或不采胶。耐寒性强，越冬良好。较抗幼虫病，易患麻痹病和孢子虫病。

小资料：东北黑蜂在1977年椴树流蜜期曾有群产蜂蜜500千克的记录。另外，东北黑蜂杂种一代适应性强、增产显著，是一个很好的育种素材。

278. 伊犁黑蜂有何特点？

伊犁黑蜂原称新疆黑蜂，是欧洲黑蜂的一个品系。主要分布在伊犁哈萨克自治州、塔城、阿勒泰、新源、特克斯、尼勒克、昭苏、巩留、伊宁和布尔津等地，全伊犁州约有黑蜂18 000群，全新疆有黑蜂25 000群左右。天山南侧西至霍城县玉台、东至和静县巴伦台为伊犁黑蜂保护区。

蜂王有纯黑和棕黑两种。雄蜂黑色。原始群的工蜂，几丁质均为棕黑色，绒毛为棕灰色。伊犁黑蜂怕光，提巢脾检查时蜜蜂骚动，性情凶暴，爱蜇人。蜂王每昼夜产卵平均1 181粒，最高曾达2 680粒，产卵集中成片，虫龄整齐。育虫节律波动大，春季育虫早，夏季群势达13～15框蜂，6框子时便开始筑造王台准备分蜂。采集力强，勤奋，早出晚归，善于利用零星蜜源，主要蜜源花期采集更加积极。泌蜡力强，造脾快，喜造赘脾。泌浆能力一般，蜜房封盖为中间型。采集利用蜂胶比意蜂多。耐寒性强，越冬性好，比卡蜂更耐寒和节省饲料。伊犁黑蜂抗病力和抗大蜂螨能力强，在新疆还未发现有小蜂螨和蜡螟寄生。

小资料：在新疆正常年景，每群平均生产蜂蜜80～100千克，最高产量超过250千克。

279. 浙江浆蜂有何特点？

浙江浆蜂为我国定向选育的王浆高产蜂种，主要包括浙农大1号意蜂、萧山浆蜂、平湖浆蜂等多个类型，蜂群年产浆量达12千克，也用于生产蜂花粉。适合定地长期生产蜂王浆或转地生产蜂王浆，目前在我国东部地区大量使用。

饲养浆蜂必须生产王浆，否则，其分蜂特性会带来很大麻烦。

280. 生产蜂场如何引种？

一个养蜂场，经过引进优良种蜂王进行杂交，可增强蜂群的生产能力和抗病能力，提高产品质量。

可采用引（买）进蜂群、蜂王、卵、虫等方式。蜜蜂引种多以引进蜂王为主，诱入蜂群50天后，其子代工蜂基本取代了原群工蜂，就可以对该蜂种进行考察、鉴定。在观察鉴定期间，应将引进的蜂种隔离，预防蜂病传播和不良基因扩散，需要的性能须突出。

养蜂场从种王场购买的父母代蜂王有纯种，也有单交种、三交种或双交种，可作种用。其繁殖的下一代可直接投入生产，但不宜再作种用。

281. 生产蜂场如何选种？

一个养蜂场，每个蜂群之间所表现出来的生产、抗病能力等有高有低，这是选种的基础。通过一定的技术措施，使优良性状不断加强，即经过对蜂群长期的定向选择，培育出符合要求的良种蜂王。浙江江蜂即是定向选育的结果。在我国养蜂生产中，多采取个体选择和家系内选择的方式，在蜂场中选出种用群生产蜂王。目前，通过蜜蜂卫生行为测试，选择卫生行为强的蜂群培育蜂王，进行抗螨饲养。

个体间选择方法是在一定数量的蜂群中，将某一性状表现最好的蜂群保留下来，作为种群培育处女王和种用雄蜂。在子代蜂群中继续选择，使这一性状不断加强，就可能选育出该性状突出的良种。个体选择适用于遗传力高的性状选择。将具有某些优良性状的蜂群作为种群，通过人工育王的方法保留和强化这些性状。采用这种方法，在我国浙江省选育了目前生产上使用的蜂王浆高产蜂种。

家系内选择方法是从每个家系中选出超过该家系性状表型平均值

的蜂群作为种用群，适用于家系间表型相关较大、而性状遗传力很低的情况。这种选择方法可以减少近交的机会。

选种育王的蜂场应有 60 群以上的规模，防止过分近亲交配。

282. 怎样选择种用雄蜂群?

蜜蜂的性状受父本和母本的影响，育王之前选择父群培育雄蜂，遴选母群培育幼虫，挑拣正常的强群（育王群）哺育蜂王幼虫，三者同等重要。种群可以在蜂场中挑选，也可以引进。具体方法如下。

种用父群的选择和雄蜂的培育。将繁殖快、分蜂性弱、抗逆力强、盗性小、温驯、采集力强和其他生产性能突出的蜂群，挑选出来培育种用雄蜂，一般需要考察 1 年以上。父群数量一般以购进的种王群或蜂群数量的 10%为宜，培养出处女王数量 80 倍以上的健康适龄雄蜂。种用父群的群势，意蜂不低于 13 框足蜂。另外，父群还要考虑选择卫生行为好、抗螨能力强的蜂群作种群。

283. 怎样培育种用雄蜂?

首先将工蜂和雄蜂组合巢础镶装在巢框上，筑造新的专用育王雄蜂脾，或割除旧脾的上部，让蜜蜂筑造雄蜂房。然后利用隔王栅或蜂王产卵控制器，引导蜂王于计划的时间内在雄蜂房中产卵。作为父群，蜂巢内蜜蜂稠密，蜂脾比不低于 1.2∶1，适当放宽雄蜂脾两侧的蜂路。保持蜂群饲料充足，在蜂王产雄蜂卵时开始奖励饲喂，直到育王工作结束。

284. 怎样选择种用母蜂群?

通过全年的生产实践，全面考察母群种性和生产性能，侧重于繁殖力强、分蜂性弱、能维持强群以及具有稳定特征和突出的生产性能。作为母群，蜂群应有充足的蜜粉饲料和良好的保暖措施。在移虫前 1 周，将蜂王限制在巢箱中部充满蜂儿和蜜粉的 3 张巢脾的空间；

在移虫前 4 天，用 1 张适合产卵和移虫的黄褐色带蜜粉的巢脾将其中 1 张巢脾置换出来，供蜂王产卵。

285. 怎样选择种用哺育群？

挑选有 13 框蜂以上的高产、健康强群，各型和各龄蜜蜂比例合理，巢内蜜粉充足。父群和母群均可作为哺育蜂群利用。在移虫前 1～2 天，先用隔王板将蜂巢隔成两区，一区为供蜂王产卵的繁殖区，另一区为幼王哺养区；将养王框置于哺养区中间，两侧置放小幼虫脾和蜜粉脾。在做此工作的同时，须除去自然王台。

哺育群以适当蜂多于脾，在组织后的第 7 天检查，除去所有自然王台。每天傍晚喂 0.5 千克的糖浆，喂到王台全部封盖。在低温季节育王，应做好保暖工作，高温季节育王则需遮阳降温。

286. 生产蜂场如何杂交育王？

同一品种不同亚种之间的蜂王与雄蜂交配，可引起后代基因变化，即是蜂王杂交。蜜蜂杂交后子代的生活力、生产性能等方面往往超过双亲，是迅速提高产量和改良种性的捷径。获得蜜蜂杂交优势，首先要对杂交亲本进行选优提纯和选择合适的杂交组合，以及遴选能表现杂交优势的环境。蜜蜂杂交组合通常有单交、双交、三交、回交和混交等几种形式。以 E 表示意蜂，K 表示卡蜂，G 表示高蜂，O 表示欧洲黑蜂，♀表示蜂王，♂表示雄蜂，×表示杂交，☿表示工蜂。组织两个或两个以上的蜜蜂品种（品系、亚种）进行交配，扩大蜜蜂的遗传变异，并对具有优良性状的杂种进行选择和繁殖，使后代有益的基因得到纯合和遗传。

287. 中蜂和意蜂能够杂交吗？

中蜂和意蜂是两个不同的种，两者存在着生殖隔离，不能进行直接杂交。由于食物——蜂王浆对蜂王的生长发育至关重要。因此，有

人将中蜂蜂王幼虫置于意蜂强群中进行哺育，得到较为理想的中蜂王(被称为营养杂交)，这一实践，有待理论验证。另外，利用分子、基因等现代育种技术，是否可以将中蜂和意蜂的优良基因进行整合，有待今后深入研究。

288. 蜂王杂交怎样配对?

蜂王杂交有单交、双交、三交和回交等。

(1) 单交 用一个品种的纯种处女王与另一个品种的纯种雄蜂交配，产生单交王。由单交王产生的雄蜂，是与蜂王同一个品种的纯种，产生的工蜂或子代蜂王是具有双亲基因的第一代杂种。由第一代杂种工蜂和单交王组成单交种蜂群，因蜂王和雄蜂均为纯种，它们不具杂种优势；但工蜂是杂种一代，具有杂种优势。

(2) 三交 用一个单交种蜂群培育的处女王与一个不含单交种血缘的纯种雄蜂交配，产生三交王。但其蜂王本身仍是单交种，后代雄蜂与母亲蜂王一样，也为单交种；而工蜂和子代蜂王为含有三个蜂种血统的三交种。三交种蜂群中的蜂王和工蜂均为杂种，均能表现杂种优势，所以三交种后代所表现的总体优势比单交种好。

(3) 双交 一个单交种培育的处女王与另一个单交种培育的雄蜂交配称为双交。双交后的蜂王所组成的蜂群，蜂王仍为单交种，含有两个种的基因，产生的雄蜂与蜂王一样也是单交种；工蜂和子代蜂王含有 4 个蜂种的基因，为双交种。由双交种工蜂组成的蜂群为双交群，能产生较大的杂种优势。

(4) 回交 采用单交种的处女王与父代雄蜂杂交，或单交种雄蜂与母代处女王杂交称回交，其子代称回交种。回交育种的目的是增加杂种中某一亲本的遗传成分，改善后代蜂群性状。

289. 蜜蜂杂种有哪些优点?

杂交种群的经济性状主要通过蜂王和工蜂共同表现。在单交种群中，仅工蜂表现杂种优势；三交种和双交种群，其亲本蜂王和子代工蜂均能表现杂种优势。而种性过于混杂会产生杂种性状的分离和退化，多从第二代开始。

选择保留杂种后代，须建立在对杂种蜂群的经济性能考察、鉴定和评价的基础上，包括亲本、组合、形态学指标和生物学指标、生产性能指标等。在杂种的性状基本稳定后，再增加其种群数量，通过良种推广，扩大饲养范围。

290. 如何获得抗病的蜂种？

以抗中蜂囊状幼虫病为例，将蜂场中不得或患此病轻微的蜂群，作为种用群培育蜂王和雄蜂，经过代代淘汰、选育，即可培育出抗病蜂种。

抗病蜂种与环境相适应，中蜂良种一旦离开原产地区，其优良性状就可能无法表现。

291. 如何选育抗螨蜂种？

蜜蜂对蜂螨具有抗性，不同种群或同一种群不同蜂群间对蜂螨的抗性不同。实践证明，抗螨蜜蜂都有较强的卫生行为。因此，选择抗病（如美洲幼虫腐臭病和白垩病）、强群、高产蜂群进行卫生能力测定，利用卫生行为好的蜂群进行育王，经过不断选育，即可能培育出抗病、抗螨蜂王。选育抗螨蜂种步骤如下。

（1）测定蜜蜂的卫生能力 从蜂群中挑选封盖子脾，子脾连片整齐，尽量没有空房，蜂子日龄以复眼白色或粉红色为准。将所选子脾切成 5 厘米×5 厘米大小，然后置于冰箱中 24 小时。再将冻死的小块子脾镶嵌在相同日龄的子脾中间，返还蜂群。注意，蜂子上下顺序不得颠倒。24 小时、48 小时观测死蛹清除率，以清除率高者定为卫生行为好。

（2）选育抗螨蜂 选取全场 1/3 卫生行为好的蜂群，培育雄蜂和处女蜂王，更换所有蜂王。这个工作每年进行一次。当蜂螨寄生率在 5%以下时可停止治螨。

在一个区域，抗螨育王须全面进行，或者利用早春养王，避开其他蜂场无抗螨雄蜂的干扰。

292. 如何安排育王工作？

（1）安排育王时间 一年中第一次大批育王时间应与所在地第一个主要蜜源泌蜜期相吻合。例如，在河南省养蜂（或放蜂），采取油菜花盛期育王，末期更换蜂王，蜂群在刺槐开花时新王产子。而最后一次集中育王应与防治蜂螨和培养越冬蜂相结合，可选在最后一个主要蜜源前期，泌蜜盛期组织交尾蜂群，花期结束新王产卵，防治蜂螨后开始繁殖越冬蜂。其他时间保持蜂场总群数5%的养王（交尾）群，坚持不间断地育王，及时更换劣质蜂王或分蜂。

（2）编排工作程序 在确定了每年的用王时间后，依据蜂王生长发育历期和交配产卵时间，安排育王工作，见表7。

表7 人工育王工作程序

工作程序	时间安排	备注
确定父群	培育雄蜂前1～3天	
培育雄蜂	复移虫前15～30天	
确定、管理母群	三次移虫前7天	
培育养王幼虫	三次移虫前3.5～4天	
初次移虫	二次移虫前30小时	移其他健康蜂群的1日龄幼虫（数量为200%）
二次移虫	初次移虫后30小时	移其他健康蜂群的刚孵化（卵由竖立到躺倒）小幼虫（数量为200%）
三次移虫	二次移虫12小时后	移种用母群的刚孵化（卵由竖立到躺倒）小幼虫（数量为200%）
组织交尾蜂群	三次移虫后9天	亦可分蜂（数量为200%）
分配王台	三次移虫后10天	
蜂王羽化	三次移虫后12天	
蜂王交配	羽化后8～9天	
新王产卵	交配后2～3天	
提交蜂王	产卵后2～7天	

(3) 做好育王记录 人工育王是一项很重要的工作，应将育王过程和采取的措施详细记录存档，见表8，以提高育王质量和备查。

表8 人工育王记录表

父系			母系		育王群			移虫						交尾群				完成日期
品种	蜂王编号	育雄日期	品种	蜂王编号	品种	群号	组织日期	移虫方式	日期	时刻	移虫数量	接受数量	封盖日期	组织日期	分配台数	羽化数量	新王数量	

293. 人工培育蜂王有哪些程序？

(1) 制造蜡质台基 人工育王使用塑料或蜡质台基。蜡质台基的制作方法：先将蜡棒置于冷水中浸泡半小时，选用蜜盖蜡放入熔蜡罐内（罐中可事先加少量水）加热，待蜂蜡完全熔化后，把熔蜡罐置于约75℃的热水中保温，除去浮沫。然后，将蜡棒甩掉水珠并垂直浸入蜡液7毫米处，立即提出；稍停片刻再浸入蜡液中，如此2～3次，浸入的深度一次比一次浅。最后把蜡棒插入冷水中，提起，用左手食指、拇指压、旋，将蜡台基卸下备用。

(2) 粘装蜂蜡台基 取1根筷子，端部与右手食指挟持蜂蜡台基，并使蜡台基端部蘸少量蜡液，垂直地粘在台基条上，每条10个为宜。

(3) 修补蜂蜡台基 将粘装好的蜂蜡台基条装进育王框中，再置于哺育群中3～4小时，让工蜂修正蜂蜡台基至近似自然台基，即可提出备用。利用塑料台基育王，须在蜂群修正12个小时左右。

(4) 移虫 从种用母群中提出1日龄内的虫脾，左手握住框耳，轻轻抖动，使蜜蜂跌落箱中，再用蜂扫扫落余蜂于巢门前。虫脾平放在木盒中或隔板上，使光线照到脾面上，再将育王框置其上，转动待移虫的台基条，使其台基口向外上斜，其他台基条的蜡台基口朝向里。第一次移虫选择巢房底部王浆充足、有光泽、孵化约24小时的

工蜂幼虫房，将移虫针的舌端沿巢房壁插入房底，从王浆底部越过幼虫，顺房口提出移虫针，带回幼虫；将移虫针端部送至蜡台基底部，推动推杆，移虫舌将幼虫推向台基的底部，退出移虫针。

小资料：采用三次移虫的方法，移取种用幼虫前 42 小时，需从其他健康蜂群中移 1 日龄幼虫，并放到养王群中哺育；第二天下午取出，用消毒和清洗过的镊子夹出王台中的幼虫，操作时不得损坏王浆状态，随即将其他健康蜂群中刚孵化幼虫移入；第三天早上，取出小幼虫，将种群刚孵化的小幼虫移到王台中原来幼虫的位置。

移虫结束，立即将育王框放进哺育群中。

294. 大群交尾采取哪些管理措施？

（1）选择交尾场地 交尾场地需开阔，蜂箱置于地形地物明显处。在蜂箱前壁贴上黄、绿、蓝、紫等颜色，帮助蜜蜂和处女王辨认巢穴。附近的单株小灌木和单株大草等，都能作为交尾箱的自然标记。

（2）利用原蜂群（生产群）**作交尾群** 多数与防治蜂螨或生产蜂蜜时的断子措施相结合，需在介绍王台前的 1 天下午提出原群蜂王，第二天介绍王台，上下继箱各介绍 1 个王台，处女蜂王分别从下巢门和上巢门（继箱下沿隔王板上的巢门）出入。移虫后第 10 天或第 11 天为介绍王台时间。两人配合，从哺育群提出育王框，不抖蜂，必要时用蜂刷扫落框上的蜜蜂。一人用薄刀片紧靠王台条面割下王台，一人将王台镶嵌在蜂巢中间巢脾下角空隙处。在操作过程中，要防止王台冻伤、震动、倒置或侧放。

（3）检查管理 介绍王台前开箱检查交尾群中有无王台、蜂王，3 天后检查处女蜂王羽化情况和质量。处女蜂王羽化后 6～10 天，在 10 时前或 17 时后检查处女王交尾或丢失与否，羽化后12～13 天检查新王产卵情况。若气候、蜜源、雄蜂等条件都正常，应将还未产卵或产卵不正常的蜂王淘汰。气温较低时对交尾群进行保暖处置，高温季节做好通风遮阳工作。傍晚对交尾群奖励饲喂促进处女蜂王提早交尾。

大群作交尾群，蜂王交配时间会延迟 2～3 天。

295. 小群交尾采取哪些管理措施？

(1) 在分区管理中，用闸板把巢箱分隔为较大的繁殖区和较小的、巢门开在侧面的处女王交尾区，并用覆布盖在框梁上，与繁殖区隔绝。在交尾区放1框粉蜜脾和1框老子脾，蜂数2脾，第2天介绍王台。

(2) 用一只标准郎氏巢箱一分为四组织交尾群，在介绍王台前1天的午后进行，蜂巢用闸板隔成4区，将覆布置于副盖下方使之相互隔开，每区放2张标准巢脾，东西南北方向分别开巢门。从强群中提取所需要的子、粉、蜜脾和工蜂，以5 000只蜜蜂为宜。除去自然王台后分配到各专门的交尾区中，并多分配一些幼蜂，使蜂多于脾。

296. 培育优质蜂王有哪些措施？

优质蜂王产卵量大、控制分蜂的能力强，从外观判断，蜂王体大匀称、颜色鲜亮、行动稳健。除遗传因素外，在气候适宜和蜜源丰富的季节，采取种王限产，使用大卵养虫，三次移虫养王，强群限量哺养，保证种王群、哺育群食物优质充足，可培育出优良的蜂王。

小资料：一个中蜂哺育群，每次可哺育20个王台；一个意蜂哺育群，每次可哺育30个王台。一个生产蜂场，应保持5%的育王群，以便随时更换老劣蜂王。

297. 如何邮寄蜂王？

通过购买和交换引进蜂王，推广良种，需要把蜂王装入邮寄王笼里邮寄，用炼糖作为饲料。正常情况下，路程时间在1周左右是安全的。

(1) 喂水邮寄 王笼一端装炼糖，炼糖上面盖1片塑料，另一端塞上脱脂棉，向脱脂棉注半饮料瓶盖的水。将蜂王和7只年青工蜂装在中间两室，然后套上纱袋，再用橡皮筋固定，最后装进牛皮纸信封

中，用快递（集中）投寄。

（2）无水邮寄 王笼两侧凿开 2 毫米宽的缝隙，深与蜜蜂活动室相通，一端装炼糖，炼糖上部覆盖一片塑料，中间和另一端装蜂王和 6～7 只年青工蜂，然后用铁纱网和订书针封闭，再数个并列，四面用胶带捆绑，留侧面透气，最后固定在有孔的快递盒中邮寄。

298. 如何介绍蜂王？

接到蜂王后，首先打开笼门，将王笼中的工蜂放出；然后关闭笼门，将王笼贮备炼糖的一端朝上；最后把邮寄王笼置于无王群相邻两巢脾框耳中间，3 天后无工蜂围困王笼时，再放出蜂王。也可将蜂王装进竹丝王笼中，用报纸裹上 2～3 层，在笼门一侧用针刺出多个小孔，然后抽出笼门的竹丝，并在王笼上下孔注入几滴蜂蜜，最后将王笼挂在无王群的框耳上，3 天后取出王笼（图 89）。

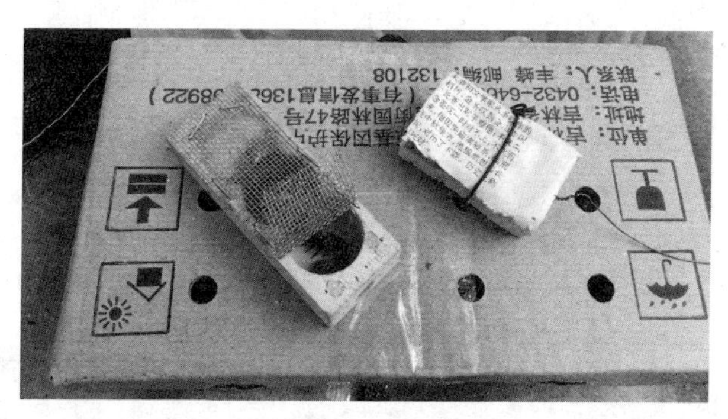

图 89　介绍蜂王

在导入蜂王之前，须检查蜂群，提出原有蜂王，并将王台清除干净。

将贵重蜂王导入蜂群，可在正常蜂群的铁纱副盖上加继箱，从他群抽出正出房的子脾 2 张，清除蜜蜂后放进继箱中央，随即将蜂王放在巢脾上，盖上副盖、箱盖，另开异向巢门供出入，注意保温。

299. 如何解救蜂王？

放出蜂王后，如果发现工蜂围王，应将围王蜂团置于温水中，待蜜蜂散开，找出蜂王。如果蜂王没有死亡或受伤，采取更加安全的方法再次导入蜂群。

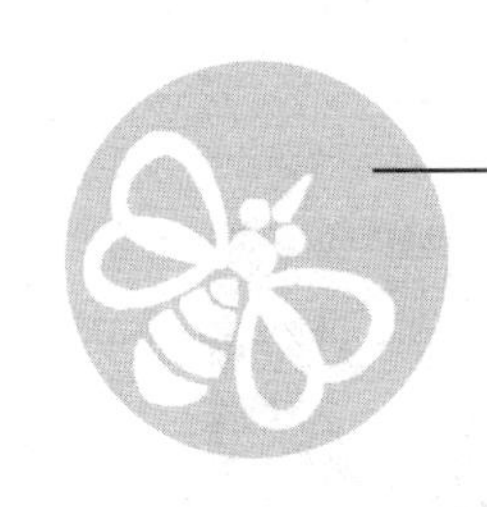

四、作物授粉

蜜蜂与植物合作，蜜蜂得到了食粮，植物得到了授粉，而人类得到了甜蜜和果实。

300. 开花植物如何适应蜜蜂授粉?

有花植物通过付给报酬——花蜜和花粉招引蜜蜂，并根据付出报酬的多少、花朵的结构等来选择授粉者。主要表现如下。

(1) 散出芳香彰显艳丽 各种植物花朵散发出特殊的气味，分别吸引喜芳香气味的或喜恶臭气味的昆虫为之授粉。在白天开放的花色彩鲜艳，多为黄、蓝、紫、白等颜色，吸引蜂类和蝶类；夜间开放的花多是纯白色，只被在夜间活动的蛾类识别。

(2) 分泌花蜜散出花粉 有花植物的蜜腺分布在花的各个部位，它们分泌的花蜜是蜜蜂必不可少的能量报酬，而花药散出的花粉则是蜜蜂生长必不可少的蛋白质来源。

(3) 结构决定访客亲疏 虫媒植物花的大小、结构和蜜腺的位置等，都与授粉昆虫的大小、体形、结构和行为密切相关。譬如，蜜蜂对鼠尾草的授粉是天作之合（图 90)；深花冠植物的花蜜，只有被有长吻的蝶类、蛾类或蜂鸟吮吸，对这些植物来说蜜蜂的努力则是徒劳的。

总之，经过长期的自然选择，被子植物产生了鲜艳的花色，给光顾者提供醒目的标志，有些花还散发出芳香的气味来吸引来访者，花蕊基部还分泌出香甜而又营养丰富的花蜜以飨授粉者。植物花的进化趋势，总是适应于招徕授粉者对自身的访问，从而带来异株的花粉。

小资料：有花植物总是尽量付出较少的营养和能量，一方面保证授粉者的生活；另一方面促使其不停地来访，获得充分的授粉效果。

图 90　蜜蜂与鼠尾草的合作（仿《微观世界》）

虫媒植物和授粉昆虫在长期的协同进化过程中，最终达到了授粉和取食的平衡。虫媒植物的分布、开花季节、开花时间等也与昆虫在自然界中的分布和活动规律有密切关系，体现了动物和植物之间的相互联系和影响。

301. 蜜蜂授粉有哪些优势?

蜜蜂在形态结构、行为习性等方面都有利于为植物授粉。

(1) 形态结构　蜜蜂体小，能够顺利采访多种植物花朵；口器为嚼吸式，吸食花蜜并暂时贮藏于蜜囊（前胃）中；周身密布分枝叉的绒毛，对黏附花粉极为有利；后足特化为花粉篮可存放携带花粉等。

据计算，1 只蜜蜂周身所携带的花粉可达 500 万粒，卸下花粉团后仍可达 1 万～2.5 万粒，远远超过其他任何昆虫。

（2）行为习性 单个蜜蜂飞行迅速。意蜂载重飞行的速度为每小时 20～24 千米，在离巢穴 2.5 千米的范围内活动，领地面积近2 000公顷。在一次采集中可连续访花上百朵乃至数百朵，当蜜蜂从这朵花转到另一朵花上采集时，授粉工作随之完成，快速高效。

①个体通讯畅通高效。蜜蜂在访花时会在花上留下特有的气味，并能保持一段时间，告知其他蜜蜂该花近期已被光顾。蜜蜂还能利用舞蹈表达所发现蜜粉源的数量、质量、距离以及方位等，带领伙伴共同采访，大大提高了群体访花授粉的效率。

②专食蜜粉的特性，迫使蜜蜂只能访花授粉，别无选择。蜜蜂在长期的进化过程中，形成了专以花粉和花蜜为食的特性，这就使蜜蜂的户外活动都在花上进行。据观察，1 只蜜蜂每次采粉约访梨花 84 朵或蒲公英 100 朵，历时 6～10 分钟，猎取花粉 12～29 毫克，每日采粉 6～8 次。观察13 000蜂次，在粉蜜俱有的花上，其中 25%的蜜蜂只采集花粉，58%的仅吮吸花蜜，17%的粉蜜兼收。

③集群工作力量巨大。蜜蜂是社会性昆虫，每群蜜蜂可达 5 万～6 万只，尤其是在春天，当油菜、果树等农作物开花时，越冬后的其他野生授粉昆虫才开始繁殖、个体数量少，而蜜蜂具有个体数量上的优势，能有效地进行授粉活动。设施栽培植物的授粉，更离不开蜜蜂。一个 200 群的转地蜂场，能够同时动员 300 万只以上蜜蜂集中在方圆 2 千米范围内，起早贪黑、不停地在花朵上跌打滚爬，充分传递花粉。

④认真专一具商业价值。蜜蜂在一次采集飞行中，只采集同一种植物的花粉和花蜜，并且持续到整个花期，这种特性，对于保持植物物种的稳定性是非常重要的。同时，在某一段时间内，一群蜜蜂的绝大多数个体具有采访相同植物花的特性，所以蜜蜂授粉准确、高效。

⑤贮存食物永无止境，蜜蜂授粉是个“永动机”。蜜蜂有临时贮藏花蜜用的蜜囊和装载花粉的花粉篮，蜂巢更是贮存蜂蜜、花粉的大仓库，其容量可达 50 千克以上，加上蜜蜂对食物的追求和扩大种群的欲望，促使蜜蜂长期不知厌倦地从事采集工作，不停地为植物授

粉，给花儿做红娘。据计算，酿造1千克蜂蜜，蜜蜂需要访花500万朵。而1群蜜蜂，每年所生产的蜂蜜（包括蜜蜂本身消耗的）不下100千克，其访花数目可达数亿朵。

(3) 数量多，分布广 据世界养蜂者联合会统计，全世界人工饲养的蜜蜂约有5 600万群，强盛时期约有蜜蜂 2.5×10^{12} 只，是一个非常庞大的群体。

蜜蜂营社会性群体生活，具有很强的适应性，从北极到赤道，蜜蜂遍及地球上所有的农业区，由此奠定了蜜蜂作为农作物的基本授粉昆虫，尤其是春天，蜜蜂具有其他昆虫不可替代的授粉地位。

(4) 可饲养、易控制 蜜蜂是人类饲养的最小且最多的动物，如果环境适宜，分蜂群就能在野外生存，收捕回来的野生蜂群能很快适应人工饲养下的生活方式。

①可运移。蜜蜂日出而作、日落而息，现代养蜂可以安全地把蜂群运送到5千米以外任何需要的地方去授粉、采蜜，并保证授粉的有效性，蜜蜂也能适应这种追花夺蜜的生产习惯。

②能训练。利用蜜蜂的条件反射，用需要授粉的植物花朵浸泡的糖浆喂蜂，可以引导其为该种植物授粉。这对泌蜜量小、花色和气味处于劣势的植物非常有利，尤其是在有其他开花植物竞争授粉昆虫时显得更为重要。例如，利用蜜蜂为萝卜留种植株授粉，在附近有油菜或泡桐开花时，就必须对蜜蜂加以训练、诱导，否则授粉可能会失败。

③范围广。适于蜜蜂授粉的作物种类多，绝大多数的虫媒作物依赖蜜蜂授粉。蜜蜂属昆虫可充分为豆科、蔷薇科、十字花科、葫芦科、蓼科、睡莲科、芸香科、无患子科、锦葵科、山茶科、猕猴桃科、桃金娘科、柿树科、鼠李科、旋花科等的作物授粉，利用蜜蜂为风媒作物水稻授粉也可提高产量。

另外，利用蜜蜂授粉还有不伤花器、不食枝叶和高效的优点。

(5) 成本低，效益高 利用蜜蜂授粉能取得明显的经济效益，而投入成本却相当低廉。1985年美国利用蜜蜂授粉获得3.16亿美元的净利润，而授粉总费用为0.407亿～0.509亿美元，效益与支出比为7.8。也就是说，用1美元租用蜜蜂授粉就可以产生7.8美元的效益。

据统计，美国每年有200万群蜜蜂被租用为农作物授粉，平均每群的租金为20美元。

小资料：现在，网棚或温室蜜蜂授粉的报酬300～500元/群；大田梨树蜜蜂授粉30元/亩（合150元/群），而同期同地人工授粉成本平均1 100元/亩（2016年宁陵酥梨种植基地）。

302. 国外蜜蜂授粉的贡献有多大？

国际上把蜜蜂授粉作为现代养蜂业发展的重要标志。目前世界养蜂业发达的国家普遍以养蜂授粉为主、取蜜为辅。实现了蜜蜂授粉产业化，他们建立了大型专业蜂场（公司），培育授粉蜂种或作物品种。由于对农作物的授粉贡献巨大，蜜蜂已成为欧洲第三大有价值的家养动物。

美国是全球农业最发达的国家之一，蜜蜂对其主要农作物授粉的年增产价值达到146亿美元（Morse，2004），蜂农收入的90%依靠出租蜜蜂授粉获得，蜂产品收入仅占10%（安建东，2011）。加拿大80%养蜂者是全职的商业养蜂，蜜蜂授粉带来的直接年经济收入约为4.43亿元；该国现有蜂群约50万群，其中30万群用于出租授粉，主要用于水果类、蔬菜类、坚果类、牧草类和向日葵等油料作物授粉。蜜蜂为澳大利农作物授粉的年增产效益达14亿美元（Gordon，2009）。欧洲有超过150种农作物直接依赖蜜蜂等昆虫授粉，这些占其作物种类总数的84%（Williams，1994）。在欧洲蜜蜂为农作物授粉的年增产价值为142亿欧元，其中欧盟成员国蜜蜂等昆虫授粉的价值占农产品总产值的10%，欧盟非成员国蜜蜂授粉的价值更高，占农产品总产值的12%，均超过9.5%的世界平均值（Gallai，2009）。德国仅果树一项就投入30万群蜜蜂授粉；意大利果农租蜂授粉很普遍，一个花期付给每箱蜜蜂2 500～3 000里拉（100里拉约合0.051 65欧元）报酬。韩国现有蜂群200万群，其蜂产品的年产值仅为3.5亿美元，而主要水果和蔬菜的年产值为120亿美元，其中58亿美元来源于蜜蜂授粉的贡献（Jung，2008）；另外，韩国每年主要农作物授粉大约需要305万群蜜蜂，约占人为使用昆虫授粉量90%

(Yoon，2009)。印度养印度蜂约200万群，蜂产品产值约2 000万卢比，而养蜂为农作物授粉及森林树木制种方面收益超过2亿卢比。罗马尼亚、保加利亚为保证蜜蜂授粉，专门规定凡是需要授粉的作物，都保证要有足够的蜂群授粉，并规定在蜜源利用上实行全国统一分配；每当授粉季节，主管部门动员所有蜂群为农作物授粉，有计划地进行转地饲养，运输费用由农业管理部门支付。

303. 国内蜜蜂授粉的贡献有多大？

根据农业部的调查，蜜蜂授粉每年给我国农业生产贡献3 042.20亿元，相当于全国农业总产值的12.30%，全国农林牧渔总产值的6.18%，而这仅仅是对36种作物蜜蜂授粉价值的评估结果，还有很多直接或间接依靠蜜蜂授粉的作物（如苜蓿）和其他行业（如制种业、畜牧业）等未被纳入到评估中来，实际上蜜蜂授粉对农业生产的贡献更大（刘朋飞，2011）。

2010年，随着《农业部关于加快蜜蜂授粉技术推广 促进养蜂业持续健康发展的意见》和《蜜蜂授粉技术规程（试行）》两个文件的出台，国家加大了蜜蜂授粉的政策扶持和投入；《中华人民共和国畜牧法》第四十七条在充分肯定蜜蜂授粉工作的同时，为蜜蜂授粉可持续发展奠定了法律依据。国家对蜜蜂授粉项目资金投入逐步加大，2012年年初农业部将“蜜蜂授粉增产技术集成与示范项目”列为国家公益性行业（农业）专项；“十一五”“十二五”，农业部将蜜蜂列入50个现代农业产业体系之中。经过蜜蜂授粉科技工作者们的不懈努力，现已对60多种农作物、经济林木、牧草等应用蜜蜂授粉技术进行研究试验、示范推广（图91）。

现代农业规模化、化学化、集约化和机械化程度越高，对蜜蜂授粉的依赖程度越强。

304. 哪些作物种类需要蜜蜂授粉？

适合蜜蜂授粉的植物很多，与人类生活有密切关系的主要有：

图 91　国家现代蜂产业技术体系宁陵梨树蜜蜂授粉中试

(1) 瓜类　西瓜、甜瓜、哈密瓜、黄瓜、南瓜、冬瓜、西葫芦、苦瓜、丝瓜等。

(2) 果树　苹果、梨、香梨、鳄梨、柳橙、杏、猕猴桃、桃、油桃、柑橘、金沙李、锦橙、荔枝、龙眼、李（子）、樱桃、柿、草莓、柠檬、枣树、石榴、芒果、杨桃、木瓜、梅（树）等。

(3) 作物　油料作物有向日葵、油菜、油茶、油葵、棕榈、芝麻、大豆等；蔬菜作物有葱、甘蓝、胡萝卜、芥菜、芜菁、萝卜、白菜、韭菜、西红柿、辣椒、茄子等；粮食作物有荞麦、水稻等；经济作物有天麻、棉花、亚麻、咖啡、烟叶、茶叶等。

(4) 药材　有党参、丹参、夏枯草、苦参、桔梗、枸杞、益母草、薄荷、牛膝、黄连等。

(5) 牧草　有苜蓿、三叶草、苕子、紫云英、砂仁、田菁、豆蔻、草木樨、紫穗槐、沙打旺、野豌豆等。

大凡异花授粉和部分自花授粉植物，无论大田栽培还是设施种植的作物，经蜜蜂授粉后都可提高产量和品质。风媒作物水稻经蜜蜂授粉后，可提高产量和品质。

305. 怎样准备大田作物授粉蜂群？

大田作物授粉一般与养蜂生产相结合，由养蜂人员根据农业授粉业务的实际需要具体操作。

(1) 选择授粉蜂种 蜂种主要有意大利蜜蜂和中华蜜蜂，适合为大田果树、蔬菜、油料作物、瓜类、牧草等植物授粉。另外，壁蜂更加适合为苹果授粉。

(2) 租赁或购买授粉蜂群 种植园（户）与养蜂场（或授粉公司）签订授粉租赁合同，租赁蜂群进行授粉活动。租赁合同中应明确付款方式、授粉蜂群的数量和质量、蜂群进场时间、种植园（户）的用药管理等事项，以维护双方权益。种植园（户）购买蜂群自行授粉时，应挑选性情温驯、采集力强、蜂王健壮、无白垩病、蜂螨和爬蜂等病症的强群。

(3) 及时运输蜂群进场 根据不同植物的流蜜情况，决定蜂群进场时间。对于荔枝、龙眼、向日葵、荞麦、油菜等蜜粉丰富的植物，可提前2天把蜜蜂运到场地；对于梨树等泌蜜量少的植物，应等植株开花25%左右时再把蜂群运到场地；对于紫花苜蓿，可在开花10%左右时运进一半的授粉蜂群，7天后再运进另一半；桃、杏、甜樱桃等花期较短的植物则应在初花期就把蜂群送到授粉场地。

(4) 配齐蜂群数量 蜂群多少取决于蜂群的群势、授粉作物的面积与布局、植株花朵数量和长势等。一个15框蜂的蜜蜂强群可承担连片分布的授粉作物的面积如下：油菜3～6亩、荞麦6～9亩、向日葵10～15亩、棉花10～15亩、紫云英3～5亩、苕子3～5亩、牧草类6～8亩、瓜果蔬菜类7～10亩、果树类5～6亩。在早春时，因蜂群正处于繁殖阶段，群势相对较弱，每群蜂所能承担授粉的面积相对较小，应适当增加授粉蜂群数量。

(5) 合理摆放蜂群 授粉蜜蜂进入场地后，蜂群摆放应遵循如下原则：如果授粉作物面积不大，蜂群可布置在田地的任何一边；如果面积在700亩以上，或地块长度达2千米以上，则应将蜂群布置在地块的中央，以减少蜜蜂飞行半径。授粉蜂群一般以10～20群为一组，分组摆放，并使相邻组的蜜蜂采集范围相互重叠。

小资料：为梨树授粉，3～5亩配备一个蜂群，分散放置，相邻蜂群不超过300米。

306. 如何管理大田作物授粉蜂群?

早春气温低、蜂群弱，放蜂地应选在避风向阳处，采取蜂多于脾和增加保温物的方法来加强保温。夏季气温高、蜂群壮，蜂脾相称，要遮阳、洒水降温。

早春给油菜、梨、苹果等植物授粉时，要组织蜜蜂强群，要求蜂多于脾，以便在较低温度下可以正常开展授粉活动。

花粉丰富的蜜源花期，应及时采收花粉，提高蜜蜂访花的积极性。

蜜蜂授粉期间主要饲喂花粉、糖浆和水，饲喂种类和数量应视授粉作物蜜粉情况而定。对于油菜、芝麻、柑橘、荔枝、龙眼、荞麦、向日葵、棉花、西瓜、杏、梨、苹果、枇杷、山楂以及牧草等蜜、粉较为丰富的作物，在蜜蜂授粉期间，保证干净的饮水供应即可；对于枣树等少数缺粉的作物，应饲喂花粉，以补充蛋白质饲料；对玉米、水稻等有粉无蜜的作物，则应适当饲喂糖浆。

引导、训练蜜蜂访花授粉。针对蜜蜂不爱采访某种作物的习性，或为加强蜜蜂对某种授粉作物采集的专一性，在初花期至花末期，每天用浸泡过该种作物花瓣的糖浆饲喂蜂群。花香糖浆的制法：先在沸水中溶入相等重量的白糖，待糖浆冷却到20～25℃时，倒入预先放有该种作物花瓣的容器里，密封浸渍4小时，然后进行饲喂，每群每次喂100～150克。第一次饲喂宜在晚上进行，第二天早晨蜜蜂出巢前再补喂一次，以后每天早晨喂一次。也可在糖浆中加入该种作物香精喂蜂，以刺激蜜蜂采集。

蜜蜂授粉期间遭遇低温、阴雨天气，要注意利用有限的较好天气条件，采取饲喂糖浆刺激蜜蜂出巢访花，或者增加人工辅助授粉措施，以保证果树结实。

307. 如何管理蜜蜂授粉大田作物?

(1) 避免施用化学农药 在植物开花前，种植（园）户不得使用氧化乐果、敌敌畏等剧毒、残留期较长的农药，以防止蜜蜂农药中毒。在开花期，授粉作物及其周边同期开花的其他作物均应严禁施药。若必须施药，应尽量选用生物农药或低毒农药。

（2）开花前期作物管理 对作物进行常规的水肥管理，清除所有与农药有关的物品，待药味散尽后再运蜂进场。授粉作物不进行去雄处理。

（3）合理配置授粉果树 利用蜜蜂为果树授粉时，对于自花授粉能力较差的品种，应间隔均匀地栽培一些供粉植株。对于盛果期的单一品种果园，可将授粉品种果树的花粉放在蜂巢门口，通过蜜蜂的身体接触将花粉带到植物花朵上，起到异花授粉的作用。

（4）授粉结束作物管理 经蜜蜂授粉后，应根据需要及时对作物进行疏花疏果、施肥浇水，以提高产品产量和品质。

如果没有授粉果树或授粉树不足，可高接授粉用果枝进行弥补。

308. 怎样准备设施作物授粉蜂群？

（1）蜂种选择 意大利蜜蜂和中华蜜蜂适合为大棚果树、草莓、小辣椒、西瓜和甜瓜等植物授粉，熊蜂适合为茄子、番茄等茄果类作物授粉。一般通过培育、增加蜂王，将大蜂群扩繁成1只蜂王、3脾蜂的授粉标准群，蜂箱内保证充足的蜂蜜和适量的花粉。

（2）蜜蜂数量 瓜果蔬菜类棚室面积为500～700米^{2}的普通日光温室，一个标准授粉群（3脾蜂/群）即可满足授粉需要；对于面积较小的温室，则应适当减少蜜蜂数量；对于大型连栋温室，则按一个标准授粉群承担600米^{2}的面积配置，在初花期将蜂群放入即可；果树类棚室面积为500～700米^{2}的普通日光温室，根据树龄大小和开花多少，每个温室配置2～3个标准授粉群。对于大型连栋温室，则按一个标准授粉群承担300米^{2}的面积配置。

（3）蜂群放置 如果一个温室内放置1群蜂，蜂箱应放置在温室中部；如果一个温室内放置2群或2群以上蜜蜂，则将蜂群均匀置于温室中；蜂箱应放在作物垄间的支架上，支架高度20厘米左右（图92），巢门朝南朝北均可，蜂路尽量开阔，并在蜂箱巢门前明显处挂一个黄色或蓝色纸板。

对于制种作物，在蜂群进入温室之前，应先隔离蜂群 2～3 天，让蜜蜂清除体表的外来花粉，避免引起作物杂交。

图 92　蜜蜂为棚室油桃授粉

309. 如何管理设施作物授粉蜂群?

授粉蜂群要提前预防病虫害，保证健康无病。选择傍晚将蜂群放入温室，第二天天亮前打开巢门，让蜜蜂试飞、排泄、适应环境。同时补喂花粉和糖浆，适当保暖，促进繁殖，提高授粉蜜蜂的积极性；坚持箱内或巢门口喂水。采取蜂多于脾，有利于棚室内蜂群维持巢内温度和湿度，对预防疾病和授粉有帮助。由于蜜蜂撞棚等死亡较多，在授粉后期，对于草莓等花期较长的作物，要及时将蜂箱内多余的巢脾取出，保持蜂多于脾或者蜂脾相称的比例关系。

温室内大多数作物因面积和数量有限，花朵泌蜜不能满足蜂群正常生活需要，尤其为蜜腺不发达的草莓等授粉时，通常在巢内饲喂糖水比为 1∶2 的糖浆。对于长花期作物，根据情况更换授粉蜂群。

310. 如何管理蜜蜂授粉棚室（作物）?

（1）温室准备　蜜蜂进温室前首先应对温室内作物的病虫害进行一次详细全面的检查，并针对性地进行综合防治。此后，保持良好的通风，去除室内的有害气体。以免蜜蜂进温室后发现病虫害再予以治疗，造成蜜蜂中毒。

（2）管控通风窗口　用宽约 1.5 米左右的尼龙纱网封住温室通风

口，防止温室通风降温时蜜蜂或熊蜂飞出温室冻伤或丢失。

（3）控温调湿 蜜蜂授粉时，温室温度一般控制在15～35℃；熊蜂授粉时，温室温度一般控制在15～25℃。主要通过开关棚室通风装置或拉开塑料露出缝隙调节温度和湿度。

中午前后通风降温时，温室内相对湿度下降。对于蜜蜂授粉的温室，可以通过洒水等措施保持温室内湿度在30%以上，以维持蜜蜂的正常活动。

（4）作物管理 作物栽培采用常规的水肥管理，花朵不去雄。为温室果树授粉时，花期应在温室地面上铺上地膜，保持土壤温度和降低温室内湿度，有利于花粉的萌发和释放。

授粉结束后，根据作物生产需要调整温度和湿度，加强水肥管理和病虫害防治。果树视情况进行疏果。

在植物开花前，不能使用残留期较长的农药如敌敌畏、乐果等。在植物开花期间，要避免使用毒性较强的杀虫剂如吡虫啉、毒死蜱等。如果必须施药，应尽量选用生物农药或低毒农药。施药时，一般应将蜂群移入缓冲间以避免农药对蜂群的危害。如在施用百菌清等杀菌剂时或夜晚采用硫黄熏蒸防治作物灰霉病和烂根病等病害时，将蜂群移入缓冲间隔离1天，然后原位放回即可。

311. 怎样进行棚室草莓蜜蜂授粉？

多数草莓自花能够结实，但种植的草莓需要蜜蜂授粉。近年来在冬季和早春，利用日光节能温室种植草莓，温室中没有风和传粉昆虫，使草莓授粉受到很大影响。利用蜜蜂为草莓授粉可有效解决这一问题。草莓雄蕊的花药围着柱头，每朵花花期为3～4天，整个花期长达5个月。蜜蜂从上午8时到下午4时都有采集行为，一只蜜蜂每分钟可采集4～7朵花。草莓授粉蜂群应该在晚秋喂足越冬饲料糖；在草莓开花前3～5天搬进大棚，一个大棚一个授粉蜂群，入棚后要补喂花粉，奖饲糖浆，刺激蜂王产卵，提高蜜蜂授粉积极性。一般667米^{2}的大棚需要4框足蜂。

小资料：李建伟等用蜜蜂为“宝交早生”草莓授粉，平均增产

29.6%，坐果率平均提高30.8%，果形也得到改善，歪果、畸形率减少30%左右，商品价值提高。每667米^{2}纯收入增加2 100～2 500元，目前已在辽宁、山东、河北、湖北、北京等地大面积推广，每群蜂租金在150～250元。

312. 怎样进行大田梨树蜜蜂授粉？

梨花多为自花不育，目前采用人工授粉的面积达500万亩，采用人工授粉可使产量提高，但人工授粉首先要采集花蕾，通过烘烤散出花粉，制作种源，否则就需高价购买（每千克高达1 000元），既费工又与春耕生产竞争劳力。梨花花粉充足，花内具有蜜腺，适合蜜蜂采集授粉。因为梨树授粉在早春，此时蜂群正处于更替或春繁阶段，为了保证授粉效果，春繁前蜂群应达到4～5框蜂，待给梨树授粉时群势可达8～9框蜂；或者利用南繁北采蜂群，一般在12框足蜂以上，适合为梨树授粉。在梨树开花达20%以上时，将蜂群放到梨园。蜂场应分小组摆放，小组之间相距200米，每组放蜂10群，如梨园附近有油菜等竞争花朵，应增加蜂群数量（图93）。在梨树授粉期间，如果天气温暖晴朗，坚持箱内喂水；如果天气不良，应每天喂500克梨花糖浆，调动蜜蜂授粉的积极性。适当脱粉，能够提高授粉效果。

图93　2016年国家现代蜂产业技术体系宁陵梨树蜜蜂授粉现场

梨树授粉需要果园配备足够多的授粉树或授粉果枝。譬如，产果树与授粉树按8∶1配备，或每棵树有直径2厘米以上授粉果枝1～2个。

小资料：吴美根（1984）研究了不同授粉方式对砀山酥梨产量及坐果率的影响试验，蜜蜂授粉、人工授粉和自然授粉的坐果率分别为44.5%～45.9%，28.0%～33.3%和2.2%～5.6%。蜜蜂授粉完全可以代替人工授粉，蜜蜂授粉区平均株产量比全场提高了15%以上。采用蜜蜂授粉后树上部的坐果率比下部提高10.9%，与人工授粉比上部坐果率提高了7.3%，下部下降3%，梨树上下部结果均匀，充分利用了上部光照好、通风好和营养充足的优势，使梨的含糖量提高1%。

邵永祥（1995）用蜜蜂为香梨授粉，坐果率比自然授粉提高25%，蜜蜂授粉区667米^{2}均产1.679吨，而自然授粉区为1.219吨，产量提高了37.74%。蜜蜂授粉香梨达90克标准的占90%，是香梨的一项增产措施。蜜蜂授粉不仅可提高梨树的坐果率和产量，而且还可利用蜜蜂采回的花粉，为其他地区人工授粉提供有活力的花粉，这样可大大降低人工采集花粉的成本。

313. 如何提高蜜蜂授粉效果？

（1）备足蜜蜂，加强管理 授粉前有计划地更新蜂王，繁殖适龄授粉蜜蜂；授粉开始配备足够的授粉蜂群；授粉中奖励饲喂浸花糖浆，促进蜜蜂繁殖，增加蜂群幼虫虫口，在粉多的情况下适时脱粉，迫使蜜蜂不停地采粉。

另外，将授粉蜂群以组为单位分散放置，使各组间的蜜蜂交错飞行和频繁改变采集路线，更有利于进行异花授粉。

（2）加强供粉植株的管理 对提供花粉的果树应均匀栽培，加强田间管理，做到植株稠密相宜，花果数量适中，水肥、光照充足等。

（3）选择昆虫，协同授粉 有些作物需要两种或两种以上的昆虫完成授粉工作，如西方蜜蜂和印度蜜蜂搭配，对草莓授粉效果显著。

小资料：利用笼蜂授粉，在没有幼虫的时期授粉效果差，一次性

使用的无王群授粉仅能保持 1 周左右的授粉效果。

314. 怎样保护授粉蜜蜂?

作为授粉蜜蜂，时常受到农药的威胁。例如，在作物花前、花期喷洒氧化乐果、敌敌畏、高效氯氟氰菊酯等农药，会使大量蜜蜂中毒死亡。同时，植物花器也会受到农药的毒害，影响正常的授粉和受精，从而造成授粉失败。另外，花上黏附的赤霉素，即妨碍蜜蜂采蜜，还对整个蜂群有害。为避免农药造成的危害，须采取如下措施。

(1) 控制施药 除对授粉作物采取花前预防用药、花期不施药、花后打药措施外，大田授粉时还要求同期开花的其他作物不喷药。

(2) 避开药害 在给授粉作物施药时，将蜂群从网棚或温室中移到外面，将大田授粉蜂群迁往 5 千米以外的地方或通风良好的暗室中，待药效消逝再搬回原址，以减轻药害。在不影响药效的情况下，尽量选用高效低毒农药和颗粒剂型，傍晚施药。喷洒农药不得污染水源。

为大田作物授粉的蜂群，若距离施药点在 50 米以外，采取遮阳和对蜂群连续不断的洒水可减轻药害。

315. 怎样进行温室番茄熊蜂授粉?

(1) 授粉蜂群的准备 熊蜂可实现人工周年繁育，在番茄花期前 60 天预定授粉熊蜂，可保证足量蜂群供应。在放入温室前 3 天，将熊蜂群移入 15℃左右的低温饲养室饲养，同时，在巢箱内加适量的脱脂棉或碎纸屑进行保温。在熊蜂移入温室前，蜂箱内保持充足的花粉和糖水。

(2) 蜂群入棚时间 番茄开花达 5%时进入，若过早番茄花未开，造成熊蜂浪费；过晚达不到授粉效果。授粉蜂群一般在傍晚入棚，静置 2 小时以上，打开巢门即可。

(3) 熊蜂数量配置 番茄开花较少，对于 500～700 米^2 的普通日光温室，1 群熊蜂（60 只工蜂/群）即可满足授粉需要。

（4）授粉蜂箱放置　熊蜂蜂巢位置距离作物越近，授粉越充分。一般地，如果授粉作物面积不大，蜂群可布置在作物地段的中央或任何一边，最远不要超过300米。蜂箱距离地面0.5～1.0米高，以防止受潮；巢门朝南或东南方，便于熊蜂定向；蜂群放置后不可随意改变巢口方向及挪动蜂群位置。蜂箱搬进温室时要避免强烈振动，更不能倒置。蜂箱也可置于温室中部蜂路开阔、凉爽的地面上，或巢门向南挂于温室墙壁上；蜂箱放在温、棚内中、后部50厘米高的搭架上，可防止受潮和蚂蚁为害；现代化温室放在中间走道一侧。

（5）蜂群管理

①定时检查。多采用箱外观察、局部检查与全面检查相结合，减少开箱次数及其他干扰，以免影响蜂群正常的生活秩序。授粉期间要检查蜂群是否正常，可在晴天早上的9～11时，认真观察进出巢门的熊蜂数量，如果在20分钟内有8只以上的熊蜂飞回蜂箱或飞出蜂箱，则表明这群熊蜂状态正常；否则要及时通知专业人员检查原因或更换蜂群，以保证授粉工作的顺利进行。

②补充饲料。温室内小气候比较特殊，若花蜜与花粉不能满足授粉蜂群正常生长繁殖的需要，要求管理者提供花粉与糖浆，以满足蜂群发育的需求。一般授粉蜂群入室2周后及时饲喂糖水，浓度50%即可。在糖水表面放一些漂浮物，以防熊蜂因取食不慎被糖水溺死。缺粉蜂群喂干花粉或花粉饼。

早春、冬季加强保温，夏季做好遮阳工作。保温方法是将蜂箱放在避风向阳处，盖上棉被等；降温方法是在蜂箱上面用遮阳网覆盖。

③更换蜂群。一群熊蜂的授粉寿命为45天左右。番茄等花期长的作物田，应及时更换蜂群，保证授粉正常进行。

（6）授粉环境管理　授粉期间，严禁在棚内施用农药，杀菌剂对熊蜂也具有杀伤作用，但其致死作用明显低于杀虫剂；内吸型杀虫剂会污染花粉，熊蜂取食后可能发生慢性中毒；在病虫害发生严重必须使用农药时，应选择无毒低残留农药，并在喷洒农药前1天晚上，待熊蜂全部回巢后关闭巢门，然后搬移到无药害的缓冲间或工作间。打药后的第2天早上，重新把蜂箱搬回原来的位置，开启巢门。环境温度需控制在10～30℃，适宜温度15～25℃；湿度控制在50%～80%

范围内。温度超过30℃以上或湿度大于90%以上，不利于熊蜂正常工作。应根据天气变化和棚室内温度、湿度随时调节风口，把温度控制在30℃以下为宜。

316. 怎样进行大田苹果壁蜂授粉?

苹果利用壁蜂授粉可提高产量和品质，节省人力。

(1) 放蜂准备 在苹果园放蜂前和放蜂期间须停止使用杀虫剂农药，防止导致壁蜂中毒。

(2) 做巢 用芦苇或纸作管，管的大小：凹唇壁蜂为内径7～9毫米、管长160～180毫米，角额壁蜂为内径6毫米、壁厚0.9毫米、管长160毫米。一端封闭，一端开口，管口平整，没有毛刺或伤口，管口染成红、绿、黄、白4种颜色，比例20∶15∶10∶5，巢管50支捆成1捆。底部平，上部高低不齐。巢箱可用纸箱改制或木板制造，也可用砖块砌成，凹唇壁蜂巢箱大小约为20厘米×26厘米×20厘米，角额壁蜂巢箱大小为15～25厘米、15厘米、25厘米。巢箱五面封闭，一面开口。每个巢箱装入4～6捆，共200～300根巢管，在放蜂前2～3天，每根巢管装入1个成蜂或蜂茧。

(3) 放蜂 大田果树授粉，夜晚进行运蜂，蜂箱密闭，距离2千米以外；温室果园授粉或从温室到大田，蜂箱密闭，夜晚运蜂。果树单一的果园，在花前7～8天放茧，存放于4℃的茧应在开花前15天置于7～8℃环境中。苹果园花开25%左右时放蜂，一般放蜂时间12天左右。青壮年果树2～3亩放角额壁蜂1箱，或每667米^{2}放凹唇壁蜂1箱；初结果果树4～5亩放蜂1箱，每箱蜂有200～300根巢管与100～150个成蜂或蜂茧。平地果园蜂箱应放置在缺株或行间等宽敞明亮的地方，山地果园宜放在向阳、避风处。蜂箱开口朝阳，用支架支离地面40厘米左右，支架腿涂抹废机油，预防蛙、蚁等的侵犯。箱顶盖上遮阳、防雨的木板，蜂箱周边地面挖长40厘米、宽30厘米、深60厘米的土坑，每晚加水一次，以便壁蜂繁殖筑巢使用。蜂箱安置好后，不再移动位置。

(4) 回收 授粉结束（果树落花1周后，放蜂约1个月）收回蜂箱，从蜂箱中取出巢管，将巢管平放吊挂在通风阴凉的房间里保存。翌年2月份，拆开巢管剥出蜂茧装入罐头瓶内用纱布封口，置于冰箱内，在0～5℃温度下保存到放蜂前1周。

在回收壁蜂的过程中，必须轻拿轻放，防止震动碰撞，巢管平放，忌直立。存放期间，防止虫害和鼠害。

317. 怎样解决梨树供粉问题？

有些果树需要专门栽植供粉植株，蜜蜂授粉的特点要求授粉植株交错、均匀栽培、稠密相宜。如梨树需要在其植株上嫁接2种或2种以上供粉枝，其开花与结果树花期一致（图94）。

图94　酥梨高接元黄果枝解决杂种授粉问题

318. 如何处理蜜蜂授粉后落果问题？

无论是露地栽培还是设施农业，经蜜蜂授粉后的作物，有时会出现落果现象，体现不出蜜蜂授粉增产的效果。主要原因是经蜜蜂授粉后，座果率提高，营养跟不上。因此，根据需要及时疏花疏果，施肥

浇水，加强营养，并视情况防治病虫害，棚、温室中的作物，还需要调节好温度、湿度和二氧化碳浓度等。尽量减少落果。

319. 遭遇恶劣天气怎样保证授粉?

蜜蜂在风和日丽的天气条件下，授粉工作顺利，效果显著。蜜蜂在高温或低温、阴雨或大风天气情况下，授粉活动受阻，甚至引起蜜蜂死亡或病害发生；同时，恶劣的天气对植物也会造成损害，从而降低授粉效果。解决措施有：①增加授粉蜂群，利用强群授粉；②正确间种授粉果树；③在低温季节，中蜂比意蜂授粉更好；④利用恶劣天气间隙的好时光，饲喂蜜蜂，促进蜜蜂积极授粉；⑤利用人工辅助授粉，保持果树授粉结实。

320. 如何处理蜜蜂撞棚问题?

蜜蜂对无色和透明度高的玻璃、塑料和纱网看不清楚，并不懈地向其冲撞，直到累死；蜜蜂在滤去紫外线的温室中会迷失方向，回不了巢；另外，蜜蜂通过温室放风的窗口飞向室外丢失。所有这些，都将造成授粉蜂群群势下降，影响授粉效果。解决措施有：

(1) 控制放蜂时间 将温室放风时间由中午前后改在下午 3 点以后，放风窗口由室顶改在室中部以下，可减少蜜蜂由放风口飞离的损失。

(2) 隔离外勤蜜蜂 在进温室前 2 天，于 11 时左右将既定授粉蜂群搬开，让外勤工蜂投入到相邻蜂群中，傍晚把既定授粉蜂群的多余巢脾调出，保留成熟子脾，连续 2 天。然后提前 2 天移到棚室或温室中，并供应糖水，进行适应训练。

(3) 黑暗处理蜂群 将授粉蜂群搬进通风的暗室中 2 天，然后再送入室中授粉；或者直接将授粉蜂群搬进温室中，用草帘遮光 2 天，然后再正常进行管理。如此，可加强蜜蜂对环境变化的适应能力，还可降低杂交的概率。

(4) 选用合适材料 用聚乙烯塑料作搭建温室的材料，适应蜜蜂视物特性，在温室授粉过程中，如经历阴雨天气，在天气放晴时及时放风散湿，防止棚顶水珠对蜜蜂的威胁。

321. 如何选择授粉蜂种？

不同植物对其授粉昆虫具有选择性。熊蜂能为茄子、西红柿、西葫芦、草莓很好地授粉，壁蜂能够完成苹果授粉，切叶蜂适合为苜蓿授粉，蜜蜂对油菜、芝麻等大面积作物和果树授粉优势突出。

322. 如何饲喂授粉蜂群？

蜜蜂授粉期间要保证花粉、糖浆和水充足，以维持正常繁殖，促进授粉顺利进行。在枣树花期需给蜜蜂饲喂花粉，或者间种西瓜；对玉米、水稻等有粉无蜜的作物需给蜜蜂饲喂糖浆；萝卜花等缺乏吸引力或被同期开花植物竞争的授粉对象，每天需要用浸泡过萝卜花香的糖浆喂蜂，引诱它们采访。对网棚和温室中的作物，采取箱内喂水和每天早上喂150～500克浸花糖浆的措施。油菜、芝麻、柑橘、荔枝、龙眼、荞麦、向日葵、棉花、西瓜、杏、梨、苹果、枇杷、山楂以及牧草等蜜、粉充足，在蜜蜂授粉期间，保证干净的饮水供应即可。

323. 授粉蜂群有何标准？

棚室授粉，蜂群多为3脾蜜蜂，蜂数要够，饲料要足；大田作物，8～9框单王蜂群、12框以上双王蜂群更具授粉优势。浆蜂比其他品种或亚种采粉更多。

蜂群数量标准，见“308. 怎样准备设施作物授粉蜂群？”。

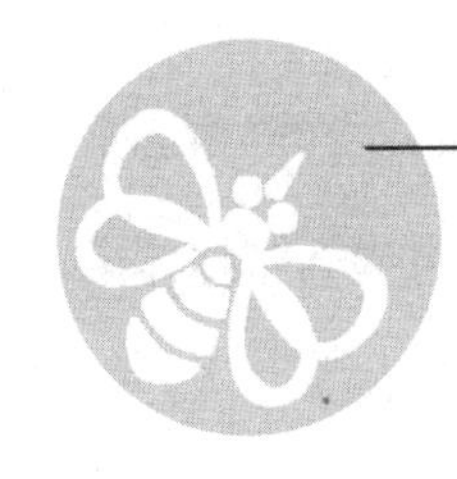

五、病虫防治

324. 怎样预防蜂病?

蜂病防治重在预防，包括食物、卫生、管理措施等。

(1) 保持食物充足 蜜蜂的食物有蜂蜜、蜂粮、蜂乳和水，在无病敌害的情况下，保证蜂群充足优质的饲料，群势在15 000只蜜蜂以上，蜂脾比大于1∶1或相当，蜂儿营养充足，生长发育良好，工蜂寿命长，抗病能力强，蜂群健康有活力。在食物短缺季节，及时补充白糖糖浆和蛋白质饲料。变质的、受污染的饲料，会使蜜蜂得病。

(2) 积极更新巢脾 巢脾是蜂群生命的载体，及时更新巢脾，意蜂两年轮换一遍，中蜂年年更新，是蜂群保持旺盛生命活力的基础。

(3) 饲养强群 强群蜂多，繁殖力、生产力和抗病力强。

(4) 管好蜂王 交换（移虫培养或购买）蜂王不得带入病虫害，年年更新蜂王，有计划地改良蜂种，防止过度近亲繁殖。

(5) 抗病育种 在生产过程中，坚持长期选择抗病力、繁殖力和生产力好的蜂群来培育雄蜂和蜂王。据报道，通过抗病育种，已获得抗囊状幼虫病的中蜂和抗蜂螨的意蜂。

(6) 少开箱少检查 检查蜂群需有计划、有目的，无事不开箱不扰蜂。

(7) 重视卫生消毒 遴选环境较好的地方作为放蜂场地，并搞好环境卫生，坚持供给蜜蜂清洁饮水；严格控制蜂群间的蜂、子调换，防止人为传播病害。利用清扫、洗刷和刮除等方法减少病源物在蜂箱、蜂具和蜂场内的存在，通过暴晒或火焰烧烤消灭蜂具上的微生物。化学消毒是使用最广的消毒方法，常用于场地、蜂箱、巢脾等。在生产实践中，人们交换蜂胶，用75%的酒精浸泡后喷洒蜂巢、蜂具，对爬蜂病、白垩病有一定的消杀作用。

给蜂群饲喂含人参、山楂、复合维生素的糖浆可提高蜜蜂体质。

325. 蜂场常用消毒剂和方法有哪些？

常用消毒剂及使用方法见表 9。

表 9　常用消毒剂及使用浓度和特点

消毒剂	使用浓度	消杀对象及特点
乙醇（C_2H_5HO）	70%～75%	花粉、工具。喷雾或擦拭，喷洒后密闭 12 小时
生石灰（CaO）	10%～20%	病毒、真菌、细菌及芽孢。蜂具浸泡消毒。悬浮液需现配，用于洒、刷地面、墙壁；石灰粉撒场地
喷雾灵（2.5% 聚维酮碘溶液）	500 倍液	杀灭病毒、支原形体、真菌、衣原体、细菌及其芽孢。喷雾、冲洗、擦拭、浸泡，作用时间大于 10 分钟；5 000 倍液用于饮水消毒
过氧乙酸	0.05%～0.5%	蜂具消毒，1 分钟可杀死细菌芽孢
冰乙酸（CH_2COOH）	80%～98%	蜂螨、孢子虫、阿米巴、蜡螟的幼虫和卵。每箱体用 10～20 毫升。以布条为载体，挂于每个继箱，密闭 24 小时，气温≤18℃，熏蒸 3～5 天
硫黄（燃烧产 SO_2）	3～5 克/箱	蜂螨、蜡螟、真菌。用于花粉、巢脾的熏蒸消毒

注：除硫黄外，其他均为水溶液。针对疫情使用消毒剂。浸泡和洗涤的物品，用清水冲洗后再用；熏蒸的物品，须置空气中 72 小时后才可使用。

326. 如何预防天敌？

保持蜂箱严密，巢门宽扁低矮，箱底不留蜡屑异物。蜂箱支离地面，在远离天敌的地方放置蜂群。

饲养强群，提高清除、守卫能力。

327. 如何进行药物治疗？

首先杜绝传染，把发病群和可疑病群送到不易传播病原体、消毒

处理方便的地方隔离治疗；有病群用的蜂具和产品未经消毒处理不得带回健康蜂场。如果是恶性或国内首次发现的传染病，或已失去经济价值的带菌（毒）群，应就地焚烧处理。对被隔离的蜂群，经过治疗且经过该传染病2个潜伏期后，没有再发现病蜂症状，才可解除隔离。

其次作出诊断，确定病原后，对症选取高效低毒药物，合理选用剂型和方法。一般对细菌病，常选用盐酸土霉素可溶性粉、红霉素和氟哌酸等药物；对真菌病，则选用杀真菌药物，如制霉菌素、二性霉素B和食醋等；对病毒病，则选用如抗病毒类中草药糖浆等；对螨类敌害，可选用氟氯苯氰菊酯条、甲酸乙醇溶液、双甲脒条、氟胺氰菊酯条等。

328. 防治用药注意哪些事项？

（1）预防抗性 交替使用药物，防止病原产生抗药性。

（2）预防药物中毒 按说明书准确配制、使用药剂。与运输蜂群一样，对蜂群的每一次施药都是一次伤害，严重者施药2小时后即引起爬蜂后果。

（3）及时用药和优选用药方式 抓住关键时机用药，省工省力，疗效卓著。例如，在蜂群断子期治螨，只需连续用药2～3次，即可全年免生螨害；在繁殖期治螨则须使用高效低毒长效的螨扑片治疗。

（4）防止污染产品 不使用违禁药品，严格遵守休药期。

（5）避免超量 无论为病群喂药物糖浆，还是为病群补充饲料，喂量都不宜过大。

329. 怎样防治蜜蜂幼虫腐臭病？

蜜蜂幼虫腐臭病有美洲幼虫腐臭病和欧洲幼虫腐臭病两种，均为细菌病害。前者由幼虫芽孢杆菌引起，多感染意蜂；烂虫有腥臭味，有黏性，可拉出长丝；死蛹吻前伸，如舌状；封盖子色暗，房盖下陷或有穿孔。后者由蜂房球菌引起，该病多感染中华蜜蜂；“花子”症状，小幼虫移位、扭曲或腐烂于巢房底，体色由珍珠白变为淡黄色、黄色、浅褐色，直至黑褐色；当工蜂不及时清理时，幼虫腐烂，并有酸臭味，稍具黏性，但拉不成丝，易清除。

预防措施有抗病育种、更换蜂王；焚烧患病蜂群，彻底消毒；选择蜜源丰富的地方放蜂，保持蜂多于脾。

治疗方法一，每10框蜂用红霉素0.05克，加250毫升50%的糖水喂蜂；或250毫升25%的糖水喷脾，每2天喷1次，5～7次为一个疗程。

治疗方法二，用盐酸土霉素可溶性粉200毫克（按有效成分计），加1∶1的糖水250毫升喂蜂，每4～5天喂1次，连喂3次，采蜜之前6周停止给药。

上述药物要随配随用，防止失效。研碎后加入花粉中，做成饼喂蜂也有效。

小资料：用青链霉素80万单位防治一群，加入20%的糖水中喷脾，隔3天喷1次，连治2次。青霉素和链霉素合用能治疗大多数细菌病。

330. 怎样防治囊状幼虫病？

囊状幼虫病是一种常见的蜜蜂幼虫病毒病，由蜜蜂囊状幼虫病毒（近年来中蜂囊状幼虫病发生频繁，损失惨重，怀疑有该病毒变种）引起，中蜂、意蜂都有发生，对中蜂可造成毁灭性危害。蜂群发病初期，子脾呈“花子”症状；当病害严重时，患病的大幼虫或前蛹期死亡，巢房被咬开，幼虫呈“尖头”状，头部有大量的透明液体聚积，用镊子小心夹住幼虫头部将其提出，则呈囊袋状。死虫逐渐由乳白色变为褐色，当虫体水分蒸发时，会干成一黑褐色的鳞片，头尾部略上翘，形如“龙船状”；死虫体不具黏性，无臭味，易清除（图95）。

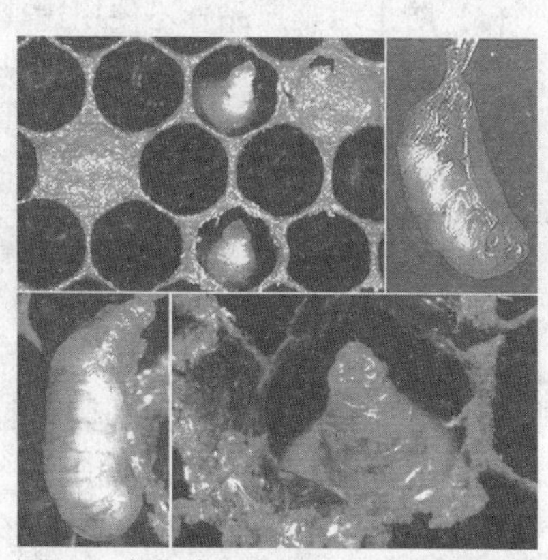

图95　囊状幼虫病症状（引自黄智勇）

预防措施为抗病育种。选抗病群（如无病群）作父、母群，经连续选育，可获得抗囊状幼虫病的蜂群。早养王、早换王。日常管理中，保持饲料充足、蜂多于脾；将蜂群置于环境干燥、通风、向阳和僻静处饲养，少惊扰，可减少蜂群得病。

治疗方法，半枝莲（或海南金不换根，河南叫牛舌头蒿）榨汁，配成浓糖浆后，灌脾饲喂，饲喂量以当天吃完为度，连续多次，用量一群蜂同一个人的用量。

中蜂成年蜜蜂被病毒感染后，寿命缩短。

331. 怎样防治幼虫白垩病?

白垩病是为害西方蜜蜂的一种真菌幼虫病，广泛分布于各养蜂地区。病原是大孢球囊霉和蜜蜂球囊霉。在箱底或巢脾上见到长有白色菌丝或黑白两色的幼虫尸，箱外观察可见巢门前堆积像石灰子样的或白或黑的虫尸，即可确诊（图 96）。雄蜂幼虫比工蜂幼虫更易受到感染。

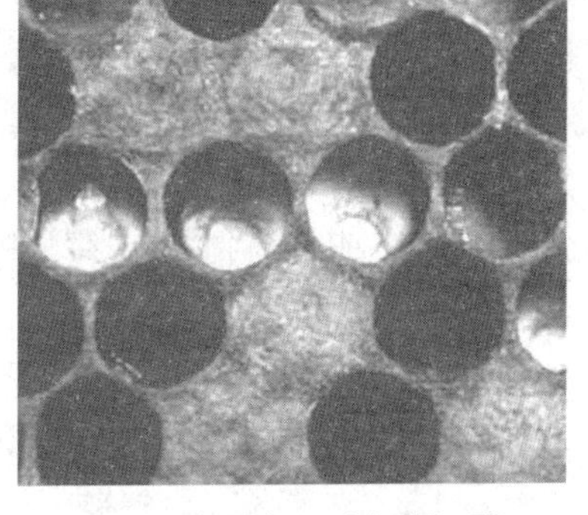
图 96　白垩病（引自黄智勇）

预防措施为春季在向阳温暖和干燥的地方摆放蜂群，保持蜂箱内干燥透气。不饲喂带菌的花粉，外来花粉应消毒后再用。第一茬子坚持繁殖脾饲料足，1 只蜂养 1 条虫。焚烧病脾，防止传播。

治疗方法一，每 10 框蜂用制霉菌素 200 毫克，加入 250 毫升 50%的糖水中饲喂，每 3 天喂 1 次，连喂 5 次；或用制霉菌素（1 片/10 框）碾粉掺入花粉饲喂病群，连续 7 天。

治疗方法二，用喷雾灵（25%聚维酮碘）稀释 500 倍液，喷洒病脾和蜂巢，每 2 天喷 1 次，连喷 3 次。空脾用该溶液浸泡 0.5 小时。

有些人使用食盐、生石灰防治该病也有效。

在有些时候，将蜂场转移，把蜂群安置在干燥、通风的地方，白亚病会不治而愈。

332. 怎样防治蜜蜂螺原体病?

蜜蜂螺原体病为西方蜜蜂的一种成年蜂病害，病原为蜜蜂螺原体，是一种螺旋形、能扭曲和旋转运动、无细胞壁的原核生物。发病高峰期我国南方为4～5月，东北一带为6～7月。生病蜜蜂腹部膨大、行动迟缓、不能飞翔，在蜂箱周围爬行。病蜂中肠变白肿胀、环纹消失，后肠积满绿色水样粪便。此病原与孢子虫、麻痹病病毒等混合感染蜜蜂时，病情加重，爬蜂、死蜂遍地，群势锐减。在1 500倍显微镜暗视野下检查，见到晃动的小亮点，并拖有1条丝状体，作原地旋转或晃动，即可确诊。

预防措施是培育健康的越冬蜂，留足优质饲料，选择干燥、向阳的场所越冬。对撤换下来的箱、脾等蜂具及时消毒。

治疗方法为每10框蜂用红霉素0.05克，加入250毫升50%的糖水中喂蜂，或将药物加入25%的糖水喷脾，每2天喂（喷）1次，5～7次为一个疗程。

333. 怎样防治蜜蜂微孢子虫病?

蜜蜂微孢子虫病是西方蜜蜂成年蜂病，病原为蜜蜂微孢子虫和东方蜜蜂微孢子虫。冬、春发病率较高，造成成年蜂寿命缩短，春繁和越冬能力降低。病蜂行动迟缓，腹部膨大、拉伸，腹部末端呈暗黑色。当外界连续阴雨潮湿时，有下痢症状。用拇指和食指捏住成年蜂腹部末端，拉出中肠，患病蜜蜂的中肠颜色变白、环纹消失、无弹性、易破裂。

预防措施是用冰醋酸、福尔马林加高锰酸钾熏蒸消毒蜂箱、巢脾等蜂具。用优质白糖喂蜂，适当添加山楂汁或柠檬酸（0.1%），不用代用饲料。保证场地通风，采取措施促进蜜蜂排泄。

治疗方法一，喂酸饲料。在每升糖浆或蜂蜜中加入1克柠檬酸或4毫升食醋，每10框蜂每次喂250毫升，2～3天喂1次，连喂4～

5 次，可抑制孢子虫的侵入与增殖。

治疗方法二，将烟曲霉素加入糖浆（25 毫克/升）中喂蜂治疗。

334. 怎样防治爬蜂综合征？

爬蜂综合征是所有爬蜂症状疾病的总称，4 月为发病高峰期，病原有蜜蜂微孢子虫、蜜蜂马氏管变形虫、蜜蜂螺原体、奇异变形杆菌、蜂螨等。另外，不良饲料、环境污染造成蜜蜂消化障碍，也可引起该病。患病蜜蜂多在凌晨（4 时左右）爬出箱外，行动迟缓，腹部拉长，有时下痢，翅微上翘。感病前期，可见病蜂在巢箱周围蹦跳，无力飞行，后期在地上爬行，于沟、坑处聚集，最后抽搐死亡。死蜂伸吻、张翅。病蜂中肠变色，后肠膨大，积满黄色或绿色粪便，时有恶臭。还有些病蜂腹部膨胀、体色湿润，挤在一堆。

预防措施：饲养强群，保持饲料优质充足；遴选干燥向阳、无污染的越冬及春繁场地摆放蜂群；保持蜂巢干燥、透气和蜂多于脾。利用气温 10℃以上的中午，促进蜜蜂排泄；翻晒保暖物品，慎用塑料薄膜封盖蜂箱。繁殖时期坚持蜂多于脾和蜂、虫相称，适时停产王浆，培育适龄健康的越冬蜂。供给饲料中加酒石酸、食醋等酸味剂，抑制病原物的繁殖；早春繁殖及越冬饲料不用代用品。春季不过早繁殖。每年秋季做好蜂具消毒工作，积极防治蜂螨。

小资料：发病与环境条件密切相关，当温度低、湿度大时病情重。

335. 怎样防治蜜蜂急性麻痹病？

蜜蜂急性麻痹病多发生在春秋两季，是西方蜜蜂成年蜂病毒病，病原为蜜蜂急性麻痹病病毒，蜂螨是麻痹病毒携带者之一。蜂死前颤抖，并伴有腹部膨大症状。

预防措施：防治蜂螨，减少传播。选育抗病品种，及时更换蜂王。加强饲养管理，春季选择向阳高燥地方、夏季选择半阴凉通风场所放置蜂群，及时清除病蜂、死蜂。

治疗方法一，用升华硫 4～5 克/群，撒在蜂路、巢框上梁、箱底，每周 1～2 次，用来驱杀病蜂。

治疗方法二，用 4%酞丁胺粉 12 克，加 50%糖水 1 升，每 10 框蜂每次 250 毫升，洒向巢脾喂蜂，2 天 1 次，连喂 5 次，采蜜期停用。

336. 怎样防治蜜蜂慢性麻痹病？

蜜蜂慢性麻痹病也多发生在春秋两季，是西方蜜蜂成年蜂病毒病，病原为蜜蜂慢性麻痹病病毒，蜂螨是麻痹病毒携带者之一。患病蜜蜂，一种为大肚型，病蜂双翅颤抖，腹部因蜜囊充满液体而肿胀，翅展开，不能飞翔，在蜂箱周围或草上爬行，有时许多病蜂在箱内或箱外聚集；一种为黑蜂型，病蜂体表绒毛脱落，腹部末节油黑发亮，个体略小于健康蜂，颤抖，不能飞翔，常被健康蜜蜂攻击和驱逐。

预防和防治方法同“335. 怎样防治蜜蜂急性麻痹病？”。

337. 怎样防治蜜蜂营养代谢病？

缺少蜂蜜、蜂粮、蜂乳等，以及在蜜蜂饲料中，糖类、脂类、蛋白质、维生素、微量元素等缺乏或过多，都会引起蜜蜂营养代谢紊乱而发病。

缺少食物时，幼虫干瘪，被工蜂抛弃；幼龄蜂体质差、个体小、寿命短，并伴随卷翅等畸形，爬死；成年蜜蜂早衰、寿命缩短；蜂群生产能力降低，更加容易患病；在没有蜂蜜的情况下还会饿死。

饲料不良会导致蜜蜂腹泻，蜜蜂体色深暗，腹部臌大，行动迟缓，飞行困难，并在蜂场及其周围排泄黄褐色、有恶臭气味的稀薄粪便，为了排泄，常在寒冷天气爬出箱外，冻死在巢门前。

预防措施：把蜂群及时运到蜜源丰富的地方放养或补充饲料；在天气恶劣或蜜源缺乏的条件下，应暂停蜂王浆、雄蜂蛹等营养消耗大的生产活动；在蜜蜂活动季节，要根据蜂数、饲料等具体情况繁殖蜂群，并努力保持巢温稳定。蜂群越冬前，提前喂足优质白糖饲料，慎

用果葡糖浆喂蜂。

越冬饲料、早春繁殖蜂群，不得使用果葡糖浆及花粉代用品。在糖浆中添加维生素、人参等，可以增强蜜蜂体质。

338. 成年蜂病怎样影响幼虫病?

有些幼虫死亡，是由于成年蜜蜂不照顾所致，即成年蜜蜂患病却表现在幼虫上。因此，查清幼虫死亡原因，如果是成年蜜蜂患病造成，要首先治疗成年蜜蜂，再治疗幼虫病。

中蜂蜜蜂离脾由热症引进，建议用伤风感冒胶囊加银翘片喂蜂治疗；双甲脒乳油和杀螨剂一号各 2 滴，混合加水 300 毫升向蜂箱空隙处喷雾防治亦有部分效果。打开蜂箱，蜂慌不稳，急速爬行聚集是疼症。治疗用增效联磺 1.5 片＋小苏打 3 片＋2 片元胡喂一群蜂。

339. 怎样防治大蜂螨?

大蜂螨是西方蜜蜂的主要寄生性敌害，呈棕红色、横椭圆形，芝麻粒大小。它的一生经过卵、若螨和成螨三个阶段，在 8～9 月为害最严重。大蜂螨成螨寄生在成年蜜蜂体上，靠吸食蜜蜂的血淋巴生活；卵和若螨寄生在蜂儿房中，以蜜蜂虫和蛹的体液为营养生长发育。被寄生的成年蜂烦躁不安，体质衰弱，寿命缩短；幼虫受害后，有些在蛹期死亡，而羽化出房的蜜蜂畸形、翅残，失去飞翔能力，四处乱爬（图 97）。受害蜂群，繁殖和生产能力下降，群势迅速衰弱，直至全群灭亡。

预防措施有选育抗螨蜂种，及时更新蜂王。积极造脾，更新蜂巢。生产雄蜂蛹，诱杀大蜂螨。

治疗方法有断子期治疗和繁殖期治疗两种。

（1）断子期药物治螨　切断蜂螨在巢房寄生的生活阶段，用药喷洒巢脾。时间选择早春无子前、秋末断子后，或结合育王断子和秋繁断子进行。常用的药剂有杀螨剂 1 号、绝螨精等水剂，按说明加溶剂稀释，置于手动喷雾器中喷雾防治。施药 2～3 遍。

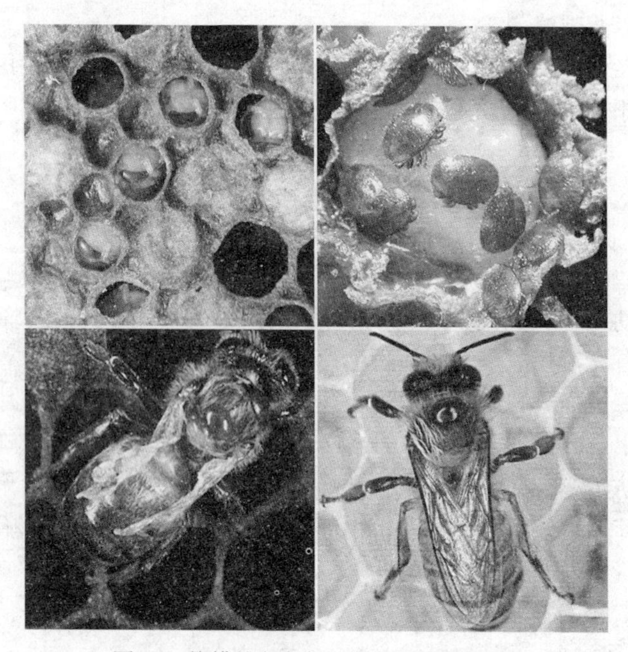

图 97　蜂螨的危害与诊断（引自黄智勇）

①手动喷雾器喷洒。将巢脾提出置于继箱后，先对巢箱底进行喷雾，使蜂体上布满水滴；再取一张报纸，铺垫在箱底上，左手提出巢脾（抓中间），右手持手动喷雾器，距脾面 25 厘米左右，斜向蜜蜂喷射 3 下；喷过一面，再喷另一面，然后放入蜂巢，再喷下一脾；最后，盖上副盖、覆布、大盖。第二天早晨打开蜂箱，卷出报纸，检查治螨效果，集中焚毁。

②两罐喷雾器喷洒。使用“两罐雾化器”，药物为杀螨剂，载体为煤油，比例为 1∶6。先按比例配好药液，装进药液罐。在燃烧罐中加入适量酒精，点燃，使螺旋加热管温度升高。然后，手持雾化器，将喷头通过巢门或钉孔插入箱中，对着箱内空处，下压动力系统的手柄 2～3 下，密闭 10 分钟即可。

喷雾治疗，先期治疗 2 群，落螨死亡（如死螨落在箱底、报纸上），即可正常施药；如果药物只能击倒蜂螨，而不能致死螨，则须更换药物（如某些甲酸类杀螨剂）。每次用药后按时收集落螨并焚毁。

（2）繁殖期药物治螨　蜂群繁殖期，卵、虫、蛹、成蜂四虫态俱

全，即有寄生在成年蜜蜂体上的成年蜂螨，也有寄生在巢房内的螨卵、若螨和成螨，应设法造成巢房内的螨与蜂体上的螨分离，分别防治；或者选择即能杀死巢房内的螨又能杀死蜂体上螨的药物，采用特殊的施药方法进行防治。常用药剂有螨扑（如氟胺氰菊酯条、氟氯苯氰菊酯条）等。使用前，需要做药效试验。

①挂螨扑片。每群蜂用药 2 片，弱群 1 片。先将药物 1 片固定在第二个蜂路巢脾框梁上，1 周后再加 1 片，对角悬挂。使用的螨扑一定要有效。

②分巢轮治（蜂群轮流治螨）。将蜂群的蛹脾和幼虫脾带蜂提出，组成新蜂群，导入王台；蜂王和卵脾留在原箱，待蜂安定后，用杀螨水剂或油剂喷雾治疗。新分群先治 1 次，待群内无子后再治 2 次。

有些螨扑对幼蜂毒害大，注意爬蜂问题。每年要定期按时防治大蜂螨。

340. 怎样防治小蜂螨?

小蜂螨也是西方蜜蜂的主要寄生性敌害，呈棕红色、椭圆形，约是大蜂螨体形的 1/2 大小（图 98）。它的一生也经过卵、若螨和成螨三个阶段。小蜂螨主要生活在大幼虫房和蛹房中，很少在蜂体上寄生，在蜂体上只能存活 2 天。小蜂螨在巢脾上爬行迅速。在河南省，小蜂螨 5～9 月份都能为害蜂群，8 月底 9 月初最为严重，生产上，6 月份就需要对小蜂螨进行防治。小蜂螨靠吸食幼虫和蛹的血淋巴生活，造成幼虫和蛹大批死亡和腐烂，封盖子房有时还会出现小孔，个别出房的幼蜂，翅残缺不全、体弱无力。

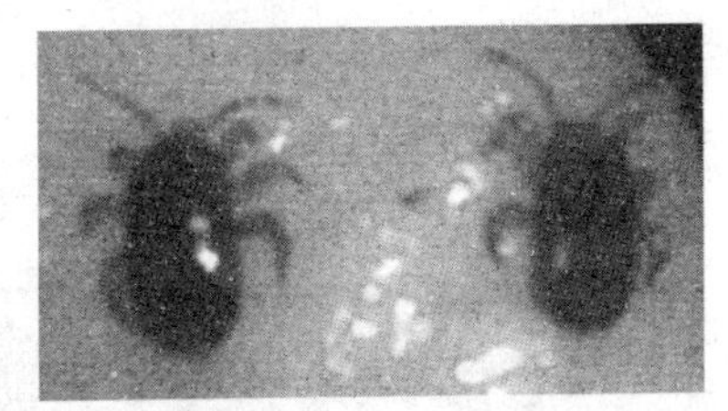

图 98　成年小蜂螨

防治方法一，将杀螨剂和升华硫混合（升华硫 500 克＋20 支杀螨剂，可治疗 600～800 框蜂），用纱布包裹，抖落封盖子脾上的蜜蜂，使脾面斜向下，然后涂药于封盖子的表面。

防治方法二，升华硫500克+20支杀螨剂+4.5千克水，充分搅拌，然后澄清，再搅匀。提出巢脾，抖落蜜蜂，用羊毛刷浸入上述药液，刷抹脾面。脾面斜向下，先刷向下的一面，避免药液漏入巢房内，刷完一面，反转后再刷另一面。

不向幼虫脾涂药，并防止药粉掉入幼虫房中。涂抹尽可能均匀、薄少，防止爬蜂等药害。

341. 怎样防治大蜡螟?

大蜡螟为蛀食性昆虫，一生经过卵、幼虫、蛹和成虫四个阶段，体大，在5～9月为害最严重。大蜡螟一年发生2～3代，它们白天隐匿，夜晚活动，于缝隙间产卵。蜡螟以其幼虫（又称巢虫）蛀食巢脾、钻蛀隧道，为害蜜蜂的幼虫和蛹，成行的蛹的封盖被工蜂啃去，造成“白头蛹”，影响蜂群的繁殖，严重者迫使蜂群逃亡。此外，蜡螟还破坏保存的巢脾，并吐丝结茧，在巢房上形成大量丝网，使被害的巢脾失去使用价值（图99）。

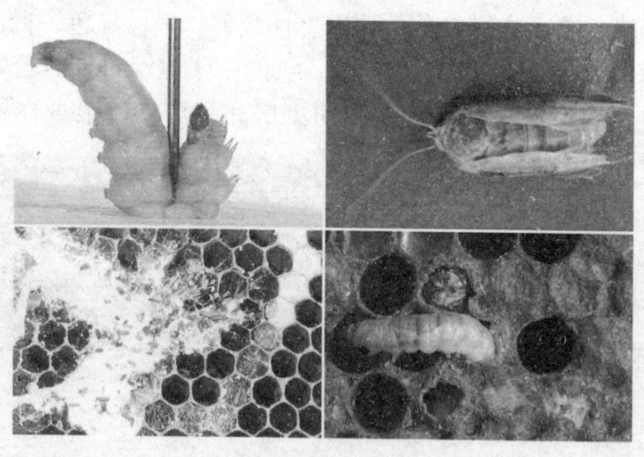

图99　大蜡螟

预防措施：蜂箱严实无缝，不留底窗；摆放蜂箱要前低后高，左右平衡；饲养强群，保持蜂多于脾或蜂、脾相称；筑造新脾，更换老脾。

防治方法是用磷化铝（AlP）熏蒸消灭蜡螟。先把巢脾分类、清

理后，每个继箱放 10 张，箱体相叠，用塑料膜袋套封，每箱体框梁上放一粒（用纸盛放），密闭即可。或将磷化铝一次性置于最上面框梁，两箱一粒。磷化铝主要用于熏蒸贮藏室中的巢脾，也用于巢蜜脾上蜡螟等害虫的防除，一次用药即可达到消灭害虫的目的。

磷化钙（散剂）也可用来熏蒸巢虫，用法和效果与磷化铝相似。被害巢脾应作化蜡处理。另外，磷化铝普遍用于防除贮粮害虫，它与空气接触产生的磷化氢比空气重、有剧毒，用时要密封严密，防止人和蜂中毒。

342. 怎样防治小蜡螟？

小蜡螟一年发生 3 代，体小，主要蛀食箱底蜡屑、贮藏巢脾，严重时也上脾为害。其他特性和防治方法与大蜡螟类似。

343. 怎样防治天蛾？

天蛾类主要是芝麻天蛾、鬼脸天蛾和骷髅头蛾侵袭蜂群，属于鳞翅目、天蛾科（图 100）。芝麻天蛾主要分布于北京、河北、河南、山东、江苏、广东、广西、台湾、福建、四川、云南等地，鬼脸天蛾生于南方各地。骷髅天蛾是根据其胸部背面形状类似于骷髅而得名，成虫体大粗壮，前翅狭长，后翅较小，翅展 100～125 毫米，体长 50 毫米，体宽 15 毫米；复眼明显，无单眼；胸背部有两个眼点，近似“骷髅”头的图案；腹背部正中灰蓝色，两边土黄色，各节后缘有黑带，腹面黄色。前翅黑色，具有白色斑点，间杂黄

图 100　天蛾的危害

褐色鳞片，并呈现天蛾绒光彩，前翅中室具有一灰白暗点，室外浓黑曲折横线；后翅杏黄色，中部、基部及外缘具有较宽横带 3 条。幼虫肥大，体表光滑，多生颗粒。天蛾一年发生 1～2 代，以蛹越冬，每年 5 月越冬蛹羽化，6 月产卵，8 月新蛹羽化。雌蛾将卵散于寄主叶背主脉附近，幼虫孵化后夜间活动。幼虫一般吃叶，成虫吸食花蜜、蜂蜜，6～8 月骚扰蜂群。成虫趋光性强，多数种类夜间活动，成虫能发微声，幼虫能以上颚摩擦作声。天蛾成虫夜间钻入蜂箱盗食蜂蜜，并发出扑打声，影响蜜蜂巢内正常活动，严重时致使蜂群飞逃；部分蜜蜂在围困毙杀天蛾时会因窒息伤亡。另外，死亡天蛾会堵塞巢门。

预防措施：降低巢门高度，利用灯光诱杀成蛾或人工扑打，及时从蜂巢中取出死蛾。

344. 怎样防治金龟甲？

鹿角花金龟属于鞘翅目金龟子总科的花金龟科，为完全变态昆虫。最大的特点是雄虫头部具有两根鹿角状的觭角，也因酷似鹿角而得名（图 101），雌虫无此构造。最常见的宽带鹿角花金龟（Dicranocephalus adamsi）主要分布在我国的云南、四川、湖南、湖北、河南、河北、陕西、台湾等以及朝鲜、越南、印度、缅甸、尼泊尔等国，它们性情好斗，与骷髅天蛾一样偷窃蜂蜜，在蜜蜂将其团团围困过程中，造成蜜蜂伤亡；同时，金龟甲上脾偷蜜，造成蜜蜂脾坑洼不平。

图 101　金龟甲的为害

防治方法是降低巢门高度。

345. 怎样防治胡蜂？

胡蜂属于胡蜂科，存在于我国南方各省和黄河流域，为夏秋季节

蜜蜂的主要敌害。为害蜜蜂的主要是金环胡蜂、黑盾胡蜂和基胡蜂。胡蜂是社会性昆虫，群体由蜂王、工蜂和雄蜂组成，杂食。单个蜂王越冬，翌年3月繁殖建群，8～9月为害猖獗。中小体型的胡蜂，常在蜂箱前1～2米处盘旋，寻找机会，抓捕进出飞行的蜜蜂；体型大的胡蜂，除了在箱前飞行捕捉蜜蜂外，还能伺机扑向巢门直接咬杀蜜蜂。若有胡蜂多只，还能攻进蜂巢中捕食，迫使中蜂弃巢逃跑。

防治措施：①人工扑打，用丝状竹片击毙胡蜂。②农药毒杀，15%糖水和砷酸盐混合，调成乳状，置于盘碟，引诱胡蜂取食，将其毒死。③黏结胡蜂纸，类似黏蝇纸，置于箱盖上，黏结扑来的胡蜂（图102）。④诱杀胡蜂器，利用饮料瓶（如营养快线瓶），在其中间穿插十字形木条（棍），四周开0.5～0.7厘米圆孔，内盛1/3糖水，浓度30%左右，或者加入1/4的酒、醋混合物，将其挂在蜂场，招引胡蜂进入采食并溺毙，误入的蜜蜂可从四周小孔中逃离。

图102　胡蜂及其防治

346. 怎样防治老鼠?

老鼠是蜜蜂越冬季节的重要敌害，主要有家鼠和田鼠。家鼠生活在人畜房舍，盗吃食物；田鼠生活在田间，作巢于地下。在冬季，老鼠咬破箱体或从巢门钻入蜂箱中，一方面取食蜂蜜、花粉，啃咬毁坏巢脾，并在箱中筑巢繁殖，使蜂群饲料短缺；同时啃啮蜜蜂头、胸，把蜜蜂腹部遗留箱底。另一方面，老鼠粪便和尿液的浓烈气味，使蜜蜂骚动不安，离开蜂团而死，严重影响蜂群越冬，同时污染蜂箱、蜂具。在早春或冬季，箱前有头胸不全、足翅分离的碎蜂尸和蜡渣，即可断定是老鼠为害。

防治方法是把蜂箱巢门做成7毫米，能有效地防鼠进箱。在鼠经常出没的地方放置鼠夹、鼠笼等器具逮鼠。市售毒鼠药有灭鼠优、杀鼠灵、杀鼠迷、敌鼠等，按说明书使用，要注意安全使用。

347. 怎样防治蜘蛛?

蜘蛛是荆条花期采蜜工蜂的主要敌害。捕食蜜蜂的主要是游猎蜘蛛和结网蜘蛛，如三角蟹蛛等。蜘蛛结网捕捉蜜蜂，或在花上狩猎蜜蜂。蜘蛛猎食时先用毒牙麻痹对方，分泌口水溶解猎物。蜘蛛是荆条花期蜂群群势下降的主要原因之一，在蛛网上或花朵上经常可以看到蜘蛛捕食蜜蜂的场景。

预防措施是远离老荆多的地方放蜂。

348. 哪些蜜源植物有害?

对人有毒而对蜂无害的蜜源有：雷公藤、紫金藤、藜芦、南烛、马桑、除虫菊等。

对蜂有害而对人无毒的蜜源有：苦皮藤、乌头、曼陀罗、喜树、八角枫、白头翁、油茶、茶树等。

对人和蜂都有害的蜜源有：博落回、狼毒、羊踯躅、钩吻等。

能够产生甘露的蜜源（分泌甜汁）有：马尾松、南洋楹、银合欢、板栗、锥栗、茅栗、香蕉、芭蕉、田菁、山楂、锦葵、玉米、苹果等植物。

能够提供蜜露的蜜源（寄生害虫分泌的甜汁）有：乌桕、柳、高粱、玉米、甘蔗、银合欢、豌豆、苹果、栎、棉花、椴、鹅掌柴、山毛榉、黄栌、针叶类树种等。

349. 怎样预防植物毒害?

(1) 防止有害植物毒素中毒　选择没有或较少有毒蜜源的场

地放蜂，如秦岭山区白刺花场地，选苦皮藤少的蜜源场地；东北林区松树场地，选葫芦少的蜜源场地。或根据蜜源植物和有毒植物花期及泌蜜特点，采取早退场、晚进场、转移蜂场等办法，避开有毒蜜源的毒害。如在秦岭山区狼牙刺场地放蜂，早退场可有效防止蜜蜂苦皮藤中毒。在华北棉花场地放蜂，喜树花结束后再进场；东北林区的椴树蜜源场地，藜芦生长多的年份，将蜂场临时迁出。这些措施能有效地防止有毒蜜源对蜂群的危害，减少有毒蜂蜜的生产。

①蜜蜂中毒防治。发现蜜蜂蜜、粉中毒后，首先从发病群中取出花蜜或花粉脾，并喂给酸饲料（如在糖水中加食醋、柠檬酸，或用生姜 25g 加水 500g，煮沸后再加 250g 白糖喂蜂）。若确定花粉中毒，加强脱粉可减轻症状。如中毒严重，或该场地没有太大价值，应权衡利弊，及时转场。

②人中毒的防治。在有毒蜜粉源植物花期不生产有毒蜂蜜和蜂花粉，并在花期过后彻底清巢，防止蜂产品被污染。发现人食用有毒蜂蜜而中毒时，应送医院及时救治；同时取蜂蜜样品送检，迅速查明是哪种有毒物质（有毒蜜源）引起的中毒，以便对症治疗。一般来讲，有毒蜂蜜经过一段时间贮存或经过加热处理，毒性会逐渐降低或消失。

（2）防止过量成分危害　每天可隔天饲喂稀薄糖水，稀释超量成分含量，如油茶、茶叶花期。

（3）防止甘露蜜的危害　在天气干旱季节，选择没有松、柏等甘（蜜）露蜜源的地方放蜂；在低温湿冷、主要蜜源突然泌蜜中止时，需喂足饲料，并及时搬离有甘（蜜）露蜜源的地方；在晚秋外界蜜源结束前留足越冬饲料，并及时将蜂群转移到没有松、柏等甘（蜜）露植物的地方。

甘（蜜）露蜜不能留在蜂巢里作蜜蜂饲料用，一旦发现巢脾里有蜜露蜜，必须及时摇出，换成蜂蜜脾供蜜蜂食用。养蜂员必须到现场观察蜜蜂到底是采甘露还是蜜露，采取措施，区别对待。

对秋末已采进的甘露蜜，在不适合取出的情况下，可喂糖浆包埋，保证冬季蜜蜂吃不到甘露蜜。来年春天蜂群繁殖时再做处理。

350. 怎样防治环境毒害？

在化工厂、水泥厂、电厂、铝厂、药厂、冶炼厂、砖瓦厂等附近，烟囱排出的气体中含有氧化铝、二氧化硫、氟化物、砷化物、臭氧等有害物质，随着空气（风）漂散并沉积下来，以及地面排出的污水和城市生活污水泛滥等，一方面直接毒害蜜蜂，引起爬蜂、寿命缩短；另一方面沉积在花上，被蜜蜂采集后影响蜜蜂健康和幼虫生长发育，还对植物的生长和蜂产品质量产生威胁。

环境毒害造成蜂巢内有卵无虫、爬蜂，蜜蜂疲惫不堪，群势下降，用药无效。毒气中毒以工业区及其排烟的顺（下）风向蜂群受害最重。污水造成的“爬蜂病”，以城市周边或城中为甚，雨水多蜂病轻，反之重。荆条花期，水泥厂排出的粉尘是附近蜂群群势下降的原因之一。手机等电磁波形成了磁场天网，影响蜜蜂的导航体系，会使蜜蜂迷失方向。

由粉尘和污水造成的毒害，可以根据症状和环境调查进行判定。如果是毒气造成的毒害，蜂群有卵无蜂，成年蜜蜂聚集框梁和副盖下，打开副盖，蜜蜂四散蹦下，向外奔逃。一旦发现蜜蜂因有害气体、粉尘而中毒，首先清除巢内饲料后喂给糖水，然后转移蜂场。如果是污水中毒，应及时在箱内喂水或巢门喂水，在落场时，做好蜜蜂饮水工作。放蜂场地要远离高压线、信号塔。

由环境污染对蜜蜂造成毒害有时是隐性的，且是不可救药的。因此，选择具有优良环境的场地放蜂，是避免环境毒害的惟一好办法，同时也是生产无公害蜂产品的首要措施。

351. 除草剂对蜜蜂有哪些影响？

小麦、玉米等农作物喷洒除草剂，蜜蜂采集其上的露水而中毒。开箱检查，蜜蜂无力、跌落箱底，或离开蜂巢在地面蹦跳或打滚，然后爬行死亡。还有一些将蜂群置于喷洒过除草剂的地面上或附近，导致蜜蜂繁殖停止和蜂爬现象。

防治措施是及时离开，放蜂场地远离菜地等可能喷洒除草剂的地方。

小资料：在枣树周边喷洒除草剂，能够影响距离施药点400米内的枣花泌蜜和蜜蜂采集。

352. 植物激素对蜜蜂有何影响？

植物激素主要有生长素、坐果素等。目前对养蜂生产威胁最大的是赤霉素，即920，俗称坐果药。农民对枣树花、油菜花喷洒赤霉素，可提高枣花座果率。蜜蜂采集后，便引起幼虫死亡，蜂王停产直至死亡，工蜂寿命缩短，并减少甚至停止采集活动。

解救措施有更换蜂王，离开喷洒此药的蜜源场地。

小资料：近些年来，由于喷洒赤霉素，使河南新郑、内黄、灵宝三大枣区枣花蜜生产基地产量大跌。

353. 如何处理蜜蜂农药中毒？

农药中毒的主要是外勤蜜蜂，有些在飞回蜂巢途中死亡，有些在回巢后出现中毒症状。中毒蜂群变得凶暴，工蜂在蜂箱前无序乱飞，追蜇人畜，旋转跌落，肢体麻痹，翻滚抽搐、打转、爬行，无力飞翔。进箱蜜蜂无力攀附巢脾而跌落箱底，最后，两翅张开，腹部勾曲，吻伸而死，有些死蜂后足还携带有花粉团；死亡蜜蜂体表油湿（图103）。严重时，短时间内在蜂箱前或蜂箱内可见大量死蜂，全场蜂群都是如此，而且群势越强死亡越多，1～2天内

图103　2012年河南科技学院内被毒将死的小蜜蜂

蜂群死亡。拉出中肠，收缩到3～4毫米，环纹消失，没有食物。在繁殖季节，中毒蜂群得不到及时处理，会很快散发出臭味。

（1）预防措施

①制定相关的法规来保护蜜蜂授粉采集行为，大力宣传蜜蜂授粉知识。

②协调种养关系。养蜂者和种植者密切合作，尽量做到花期不喷药，或在花前预防、花后补治。种植者必须在花期施药的，尽量在清晨或傍晚喷洒，以减少对蜜蜂的直接毒杀作用，使治虫与授粉采集两不误；尽量选用对蜜蜂低毒和残效期短的农药，能用颗粒剂的就不选用粉剂和乳油；在不影响药效和不损害农作物的前提下，在农药中添加适量驱避剂，如杂酚油、石炭酸、苯甲醛等，以驱避蜜蜂。

③做好隔离工作。在习惯施药的蜜源场地放蜂，蜂场以距离蜜源300米为宜。种植者打药应该提前2～3天通知2.5千米以内的养蜂者做好防护工作。如果大面积喷洒高毒农药，就及时搬走蜂群。如果蜂群一时无法移动，必须进行遮盖，保持蜂群环境黑暗，供水，注意通风降温，且最长时间不超过2～3天；或在蜂巢门口连续洒水，减少出勤蜜蜂。使用遮光保温衣覆盖蜂箱效果良好。

（2）急救措施

①若只是外勤蜂中毒，及时撤离施药地区即可。若有幼虫发生中毒，则须摇出受污染的饲料，清洗受污染的巢脾。

②给中毒的蜂群饲喂1∶1的糖浆或甘草糖浆。对于确知有机磷农药中毒的蜂群，应及时配制0.1%～0.2%的解磷定溶液，或用0.05%～0.1%的硫酸阿托品喷脾解毒。对有机磷或有机氯农药中毒，也可在20%的糖水中加入0.1%食用碱喂蜂解毒。

发生严重中毒的蜂场应尽快包装蜂群，撤离施药区域，清除蜂箱内有毒饲料，将被农药污染的巢脾化蜡或焚毁处理。中毒后的蜂群，采取抽脾、合并、更新饲料、饲喂、换王等措施，尽快恢复群势。

354. 如何处理蜜蜂兽药中毒?

兽药中毒主要是在使用杀螨剂防治蜂螨时用药过量或用法不当

（如绝螨精二号、甲酸）所致。在施药2小时后，幼蜂便从箱中爬出，在箱前乱爬，直到死亡为止。箱内蜜蜂（包括蜂王）附脾不牢，稍有震荡即从脾上跌落箱底；蜜蜂停止搬运食物（图104）。另外，有些螨扑有时引起蜜蜂在箱中死亡，有些能使幼蜂爬1周以上。用药过量，有些蜂群表现不太明显，但受药物毒害，蜜蜂体色变暗、寿命缩短。在用升华硫抹子脾防治小蜂螨时，若药沫掉进幼虫房内，则引起幼虫中毒死亡。如果牲畜、家禽饲料中添加了依维菌素，其排出的粪便污染水源，蜜蜂采集后会受到伤害。

图104　2014年10月蜜蜂甲酸中毒症状

防治蜂病给蜂施药后注意观察，如有蜜蜂爬出箱外或在傍晚听到蜜蜂在草丛中爬行、哀鸣，即可确诊发生药害。

（1）预防措施　严格按照说明配药，采取安全的用药方法，使用定量喷雾器施药（如两罐雾化器）。施药前先试治几群，先试后用，按最大的防效、最小的用药量防治蜂病。远离鸡场、猪场放蜂。

（2）处置措施　发现药害后及时取出药物，给蜂群通风，勿翻倒蜂群。

355. 转基因对植物泌蜜有何影响？

利用基因工程技术培育的抗虫棉广泛应用于生产，一方面，棉花泌蜜大幅减少甚至无蜜；另一方面，抗虫棉也抗蜜蜂，蜜蜂采不到花蜜。

单纯以蜂产品生产为主的蜂场，应考虑放弃棉花蜜源。

六、做好销售

356. 什么是蜂产品，包括哪些种类？

蜂产品是来自于蜜蜂的自然产品，包括蜂蜜、蜂王浆、蜂花粉、蜂胶和蜂蜡、蜂子、蜂毒等，生产经营中经常遇到的是前4种产品，后3种产品有待开发利用。

357. 什么是蜂蜜，如何命名分类？

蜂蜜是蜜蜂采集植物的花蜜、嫩枝甜汁或蜜露，与自身分泌物结合后，经充分酿造而成的天然甜物质。

蜂蜜的主要成分是果糖、葡萄糖、水分，蔗糖含量一般小于5%。

根据花蜜的来源，蜂蜜可分为单花种蜂蜜、杂花蜜和甘露（蜂）蜜。单花种蜂蜜来自一种植物或主要蜜源，具有自身独特的风味和色、形，如刺槐、荆条、油菜、柑橘、龙眼、荔枝、椴、枣等；杂花蜜香气复杂，没有固定的颜色，随着贮藏时间的延长都会结晶，如山花蜜。一般情况下单花种蜂蜜比杂花蜜价格高。而根据生产和食用方式，蜂蜜又可分为分离蜜和巢蜜两种。如果蜂蜜是在一个固定地区生产，且有独特的质量特征，则可以用与该地区有关的地理学或地志学区域命名（须符合国家地理标志产品的命名和规定），如莒河硬蜜（野坝子蜂蜜）等。

从蜂蜜中取出或向其添加任何物质的都不叫蜂蜜，包括人工喂蜂所得的糖蜜。

358. 什么是蜂王浆，如何命名分类？

蜂王浆又称蜂皇浆，由工蜂咽下腺和上颚腺分泌，用于喂饲蜂王和蜂幼虫的乳白色、淡黄色或浅橙色浆状物质。

蜂王浆的主要成分是蛋白质、脂类、糖类和水等，特色成分是10-羟基-2-癸烯酸，在不同植物类型、不同季节和不同蜂种生产的蜂王浆中，其含量变化范围在1.4%～2.8%。另外还含有微量的激素、2.84%～3.0%的未明物质。

蜂王浆主要以生产时开花的主要蜜源植物为依据命名，例如，在油菜花期生产的蜂王浆叫油菜浆，在刺槐花期采集到的蜂王浆称为刺槐浆。

蜂王浆中亦不得人为地添加或取出任何成分。

359. 什么是蜂花粉，如何分类命名？

蜂花粉是蜜蜂采集被子植物雄蕊花药或裸子植物小孢子囊内的花粉细胞，并形成的团粒状物。

蜂花粉中所含营养成分大致为：蛋白质20%～30%、糖类40%～45%、脂肪5%～10%、矿物质2%～3%、木质素10%～15%、植物激素和未明物质10%～15%。

蜂花粉的命名与蜂蜜相似，如油菜花粉、芝麻花粉等，荷花、茶叶花、野皂荚、杏花和五味子等品种的花粉比较香甜。

360. 如何区别花粉、蜂花粉和蜂粮？

花粉是高等植物雄性生殖器官——雄蕊花药产生的生殖细胞，其个体称为花粉粒。花粉粒成熟时，花药裂开，散出花粉。

蜂花粉是蜜蜂采集花粉加工形成的团状物，人们在蜜蜂回巢时将其截留。

蜂粮是蜜蜂将蜂花粉加贮藏在巢房中，利用微生物和酶进一步加

工后形成的固体物质，其中的花粉壳已经破坏。蜂粮是蜜蜂必需的蛋白质食物（图 105）

小资料：花粉、蜂花粉和蜂粮三者的营养价值依次递增，口味得到改善，使人过敏的概率也下降。

图 105　花粉、蜂花粉和蜂粮的区别
（引自张少斌等）

361. 什么是蜂胶，如何分类命名？

蜂胶是指工蜂（西方蜂种）从植物幼芽上采集的树脂与其上颚腺的分泌物等，所形成的具有黏性和芳香气味的胶状固体物质。

蜂胶一般含有约 55%树脂、30%蜂蜡、10%芳香挥发油和 5%花粉等杂物，其化学成分有黄酮类、酸、醇、醛、酯、酚、醚、萜、烯、甾类化合物和多种氨基酸、脂肪酸、酶类、维生素、多种微量元素等。我国的蜂胶主要是杨树型蜂胶，优质的蜂胶，其特色成分黄酮类化合物含量不低于 12%。

蜂胶多以某个季节主要胶源植物的名字分为几个类型，如桦树型、杨树型、桦树杨树混合型等多种；因胶源植物分布地区的不同，有时也以地区名来分。

362. 如何区别树胶、蜂胶、提纯蜂胶？

树胶一般是指人工从杨树上摘取的杨芽，通过水煮压榨以及风干或加热，形成的一种胶状（黄色）或硬块状（黑褐色）物质，主要功

效成分是黄酮类化合物，香气浓烈。

蜂胶是蜜蜂采集杨树芽液，混合唾液、蜂蜡等形成的胶状物质（图 106），根据成色和产地不同，具有多种颜色，主要功效成分是黄酮类化合物，香味柔和。

提纯蜂胶是指使用酒精作为溶剂，通过加热、蒸发等工艺，清除蜂胶中蜂蜡等杂质，提纯形成的棕褐色固体或粉末状物质，提高了黄酮类物质的含量。

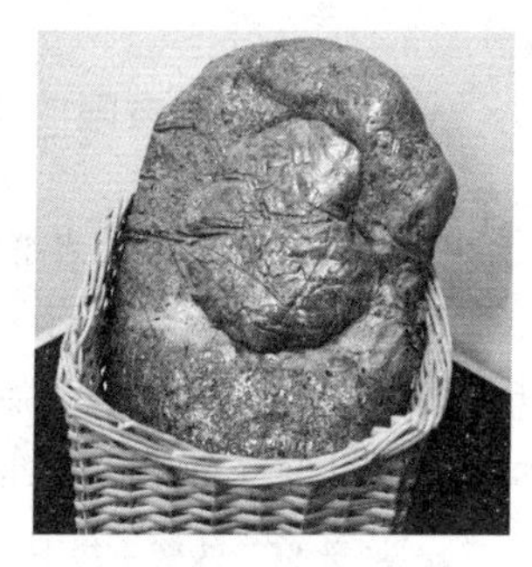

图 106　蜂　胶

363. 蜂产品有哪些理化性质？

各类蜂产品在常温状态下都有自己的色、香、味、形状和化学性质。表 10 列出了常见蜂产品的主要理化性质。

表 10　蜂蜜、蜂王浆、蜂花粉和蜂胶的理化性质

	颜色	光泽	香气	味道	形态	水溶解性	常用溶剂	变质	
								现象	原因
蜂蜜	水白色、琥珀色或深色	油亮	有蜜源植物花的气味	甘甜-甜腻	液态或结晶体	完全溶于水		发酵起泡，酸味	不成熟，浓度低
蜂王浆	乳白色、淡黄色或浅橙色	有光泽	类似花蜜或花粉的香味和辛香味	酸、辣、涩、甜	黏浆状、具有流动性	部分溶于水，形成悬浊液		色暗、起泡、发臭、酸败气味	温度高
蜂花粉	五颜六色	新鲜	辛香气	甜，稍有苦涩	不规则的扁球形	部分溶于水，有沉淀		褪色、酸、苦、虫蛀和霉变	温度高，时间长
蜂胶	棕黄、棕红、棕褐色	有光泽	有明显的芳香气味，燃烧时有树脂乳香气	味苦带辛辣味	不透明固体，团块状或碎片	难溶于水	75%～95%乙醇		

364. 蜂产品有哪些主要用途？

蜂蜜、蜂王浆、蜂花粉和蜂胶是蜜蜂的杰作，这些蜂产品大都可以被人类直接利用，具有补充营养、提高免疫力和调节机体的作用，以及抗辐射、抗炎症、抗肿瘤、抗疲劳和抗衰老的五抗效应。表11列出了常见蜂产品的主要生物学作用和在人们日常生活中的应用。

表11 蜂蜜、蜂王浆、蜂花粉和蜂胶的生物学作用与应用

	生物学作用	主要用途	常用方法	备注
蜂蜜	提供能量、抗菌、抗溃疡、解毒保肝、润肠润肺、润燥通便	美食、养生、美容，预防肝炎、咳嗽、便秘、结核、小儿贫血、胃和十二指肠溃疡、外伤	加水饮用	每天25～75克
蜂王浆	促进代谢、生长，延缓衰老，消炎抗菌，抗癌，抗辐射，提高免疫力，增强活力	保健养生、营养不良、神经衰弱，皮肤疾病、肝脏疾病、癌病康复、糖尿病	直接口服，或加工成王浆蜜服用	每天2～4克，病人每天25克
蜂花粉	延缓衰老，营养大脑，提高免疫力，抗高血脂，抗辐射，保肝护肠，增强活力，抑制前列腺炎，调节内分泌	美容养颜、养生、保健，预防前列腺病、男性不育、贫血、便秘、高脂血症、肝脏疾病	直接口服或嚼食，亦可加工成花粉蜜服用	每天10～25克
蜂胶	抗菌、抗高血脂、抗氧化、提高免疫力、	糖尿病并发症、免疫力低下症、皮肤疾病、高血脂病	将蜂胶1～2克置于口中，用舌头涂抹在上腭	每天1～2克，病人每天5克左右

365. 蜂子、蜂蜡和蜂毒有何用途？

蜜蜂的幼虫和蛹通称为蜂子，目前开发利用的有蜂王幼虫和雄蜂蛹、虫，蜂王幼虫和雄蜂蛹通常被作为美味佳肴食用（图107）。另外，蜂王幼虫味甘、性平，有益肾生精、补虚养阴、健脾和胃、润泽肌肤等功效。长期食用蜂王幼虫，可延缓衰老、提高免疫力，消除

老年斑、色斑、枯发、白发，使皮肤变得更为柔润。中老年女性常服用蜂王幼虫，不但能养颜美容，还可以改善性功能。蜂王幼虫还可辅助治疗白细胞减少症、癌症、神经衰弱、风湿性关节炎、风湿痛、阳痿、月经异常、营养性水肿、肝病、溃疡病等。雄蜂蛹还用于中年人神经官能症、儿童智力发育障碍以及脱发和白发、男子更年期障碍、白细胞减少症。

图 107　煎炒雄蜂蛹

蜂蜡又叫黄蜡，是蜂群中工蜂腹部 4 对蜡腺分泌出来的一种脂肪性物质，蜜蜂用它来修筑蜂巢。蜜蜂分泌的新蜡是纯蜂蜡，修筑成巢脾育虫后其成分复杂化；利用人工巢础造脾所生产的蜂蜡，一般含有矿蜡。中医学认为，蜂蜡味甘淡、性平，归肺、胃、大肠经，功能解毒、止痛、生肌润肤、止痢止血。外用治痈疽发背、溃疡不敛、诸疮糜烂、臁疮、水火烫伤；内服用于治诸疮毒、夜盲证、咽炎、上颌窦炎，可增强呼吸道免疫功能和治疗鼻炎、鼻窦炎及枯草热，下痢、便血、胎动、腹痛下血、遗精白浊、白带等症；蜡炙耳道可治偏头痛。

蜂毒通常是指蜜蜂工蜂毒腺和副腺分泌出的具有芳香气味的透明毒液。毒腺的酸性分泌物贮存在毒囊中，在蜜蜂刺螫时与副腺的碱性分泌物混合，由螫针排出，并很快干燥成针状或粉末状固体。蜂毒具有活血化瘀、抗菌消炎以及刺激神经、调节内分泌等功能，临床上用于治疗疣、痤疮、白癜风、色斑、老年性痴呆、面瘫、痹症、腰椎间盘突出、麻木和指痛、癔病、失眠、痛风、半身不遂、震颤麻痹、高血压、强直性脊柱炎、落枕、盆腔炎、鼻炎、中耳炎、儿童药源性（如链霉素和庆大霉素有耳毒性）耳聋、神经衰弱、阳痿、癫痫、头痛和近视（图 108）。

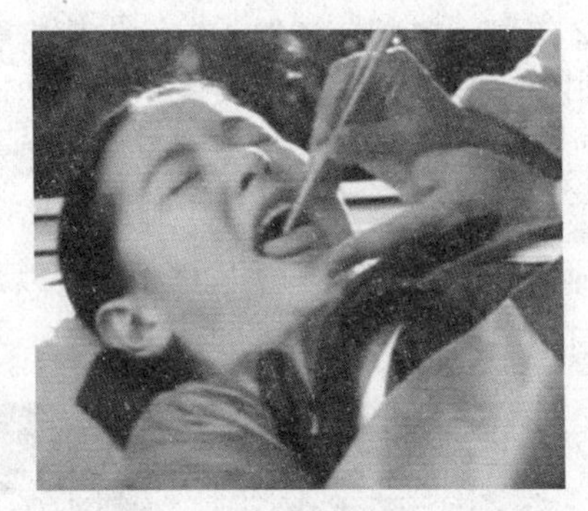

图 108 《大长今》的故事：御医用蜂毒治疗御厨的味觉失灵。（引自《大长今》）

366. 蜂产品销售如何定价？

价格是大众消费者选择产品的主要因素，品质是高端消费最为看重的。合理的定价非常重要，每一个价格都会影响到利润、销售和市场占有率。价值、种类和所付出的劳动是蜂产品定价的基础，而影响因素主要有产量的丰歉、品质和质量的优劣、同行的竞争和地域差别等。

（1）收购价格 是蜂产品从生产领域进入流通领域的最初价格，是制定蜂蜜调拨价格、销售价格的基础，蜂产品的收购价格是在正常年景、合理经营的生产成本上，加上生产者应得的收益，并参考与其相关的商品（糖）的比价以及当前市场的供求状况为基础制定的。

（2）零售定价 主要包括同类定价、差异定价和撇脂定价等。

同类同价是同一类产品同价，比如刺槐蜂蜜、枣花蜂蜜和荆条蜂蜜同价销售，让消费者根据自己的喜好选择自己满意的品种。差异定价是同一类产品按品种、品质等定不同的价格，让消费者根据自己的喜好和经济实力选购适合自己的产品，如刺槐蜂蜜、油菜蜂蜜的同量异价销售。撇脂定价是将最优质量的产品定高价，满足高端消费，并通过优质服务赚取较高的利润。

在蜂产品的销售中，还经常遇到涨价、降价、变相涨价和降价的

情况，如促销和折扣等。低价销售总有较多的顾客。

367. 什么是利润？

蜂产业由多个链条组成，每一个环节都要有合理的利润，只有这样，养蜂业才能顺利发展。其基本利润构成：蜂产品总值＝蜂农利润＋经纪人或合作社利润＋公司加工利润＋出口商利润＋零售商销售利润＋利息和税款＝消费者支付的金钱。

368. 蜂产品有哪些销售渠道？

蜂产品销售是蜂农个人及群体经由创造、提供与交换彼此产品，以获得其需求及欲望的一个过程。实现蜂产品的销售，需要一定的专业技能与知识，礼貌友善，容易沟通，用心为顾客服务，赢得顾客对服务和产品质量的信赖。

养蜂场生产的产品，主要出售给蜂产品经纪人和养蜂合作社，以收购价出售，简单快捷。也有直接出售给蜂业公司和蜂产品专卖店的，这需要有固定的客商，价格较高。将产品直接卖给顾客的也很常见，需要将产品进行适合零售的包装，因此，需要具备容器、包装设备，还须符合卫生规定（图 109）。

图 109　蜂场零售

开创蜂产品的零售网点。养蜂业者个人向行业协会申请产品标识，将产品包装后，可送往购物中心、量贩店、专卖店、百货公司、超级市场（连锁超市）、便利店、杂货店、集贸市场进行销售。

还可以无店铺贩卖，如网络或电视购物等。

农产品博览会销售。在秋冬农闲季节，积极参加各地举办的农产品博览会，向顾客推销自己的产品。

旅游销售。将蜂群置于蜜源丰富和交通便利的地方，路过的行人或旅游团体即会找上门来购买产品。通过一定的方法，组织社区的退休及闲暇人员到蜂场参观，体验养蜂生活，亦可增加销量。

养蜂生态园的销售。如果蜂场发展到一定规模，就可参与蜂产品市场，建立养蜂生态园，将蜂场融入到自然生态环境，通过养蜂实践和操作、穿蜂衣表演、影像资料、专家讲座，以及蜜蜂文化、实物展示和开发新产品，给消费者以安全、可靠的感觉，从而赢得信赖，达到销售产品和服务顾客的目的。

蜂产品会员制销售。蜂产品是养生保健食品，顾客有长期食用的习惯，对有潜力的顾客，可采取会员制的方法，使之成为稳定、忠实的顾客。要求为会员及时提供优质的新上市产品，并给予一定的优惠待遇，定期对会员进行回访，赠送蜂产品使用资料，介绍蜂产品长寿健康的原理。

政府采购。主要是企事业单位劳保福利部分。蜂蜜能够消暑解渴、快速恢复体力、泻火、滋润胃肠、治疗便秘等，都是适合劳动保护所需要的。因此，在每年端午节、中秋节、春节、夏天等，可向社会团体、企事业单位积极推销优质蜂蜜产品。

369. 如何让顾客购买蜂产品？

分析消费者的习惯，生产适销对路的产品，如日本人喜欢色浅味淡的刺槐蜂蜜，我国台湾省人偏爱龙眼蜂蜜，我国北方群众对枣花蜂蜜情有独钟。

满足消费者的健康诉求——蜂蜜、蜂王浆、蜂花粉和蜂胶都是保健食品，提高免疫、增强体质的效果显著，蜂王浆可促进人体的生

长，对延缓衰老具有极大的价值，是长寿食品的代表。

370. 怎样利用媒体宣传？

广告是一门带有浓郁商业性质的综合艺术，以广大消费者为广告对象，通过报纸、杂志、电视、广播、互联网、壁画、橱窗、商业信函、霓虹灯、车船等，将信息传达给大众，以此来提高产品的知名度，增加销售的目的。广告须真实和具有良好的社会形象，还要有针对性和艺术性。

发放给三里五村群众和集贸市场的小卡片，对蜂蜜消费也非常有帮助。

图书在版编目（CIP）数据

高效养蜂技术有问必答/张中印等编著．—北京：中国农业出版社，2016.9（2023.5重印）
（养殖致富攻略·一线专家答疑丛书）
ISBN 978-7-109-22088-1

Ⅰ.①高…　Ⅱ.①张…　Ⅲ.①养蜂－问题解答　Ⅳ.①S89-44

中国版本图书馆CIP数据核字（2016）第213663号

中国农业出版社出版
（北京市朝阳区麦子店街18号楼）
（邮政编码100125）
责任编辑　武旭峰　郭永立

北京通州皇家印刷厂印刷　新华书店北京发行所发行
2017年1月第1版　2023年5月北京第17次印刷

开本：880mm×1230mm 1/32　印张：7.625
字数：208千字
定价：20.00元